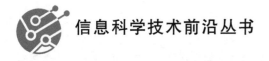
信息科学技术前沿丛书

智能技术场景中的用户与系统交互行为规律探究

王伶俐　编著

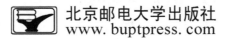
北京邮电大学出版社
www.buptpress.com

内 容 简 介

　　本书以两类典型的智能信息系统——智能在线学习系统和智能客户服务系统为例,介绍了借助智能技术支持学习系统实现游戏化设计、应用智能系统替代传统自助客服系统、应用智能系统替代人向用户提供学习任务反馈这三类应用场景中用户与系统的交互规律。以上研究分别揭示了系统外部时间线索、智能技术带来的服务流程灵活性以及用户对智能技术的主观感知如何影响用户行为和系统的应用效果。通过介绍研究的开展过程,本书还重点呈现了信息系统领域如何通过融合客观数据分析、实验室实验和实地实验开展相关研究,希望能够为对智能信息系统相关研究感兴趣的读者带来启发。

图书在版编目(CIP)数据

智能技术场景中的用户与系统交互行为规律探究 / 王伶俐编著 . - - 北京 : 北京邮电大学出版社,2023.7

ISBN 978-7-5635-6935-9

Ⅰ. ①智… Ⅱ. ①王… Ⅲ. ①人工智能—应用—研究 Ⅳ. ①TP18

中国国家版本馆 CIP 数据核字(2023)第 112143 号

策划编辑:姚　顺　刘纳新　责任编辑:姚　顺　陶　恒　责任校对:张会良　封面设计:七星博纳

出版发行:北京邮电大学出版社

社　　　址:北京市海淀区西土城路 10 号

邮政编码:100876

发 行 部:电话:010-62282185　传真:010-62283578

E-mail:publish@bupt.edu.cn

经　　　销:各地新华书店

印　　　刷:北京虎彩文化传播有限公司

开　　　本:787 mm×1 092 mm　1/16

印　　　张:8.75

字　　　数:213 千字

版　　　次:2023 年 7 月第 1 版

印　　　次:2023 年 7 月第 1 次印刷

ISBN 978-7-5635-6935-9　　　　　　　　　　　　　　　　　　定　价:45.00 元

· 如有印装质量问题,请与北京邮电大学出版社发行部联系 ·

前　言

　　智能技术的发展和广泛应用支持传统信息系统提高既有的服务能力或者实现新的功能。在这一背景下，个体或组织与智能信息系统的直接及持续交互会呈现新的特点。本书以两类典型的智能信息系统——智能在线学习系统和智能客户服务系统为例，借助对三个研究的介绍，试图展示信息系统领域情境因素或智能系统的实施如何影响用户与系统的交互行为和交互结果。

　　第一个研究关注借助智能技术支持学习系统实现游戏化设计的情境。该研究从系统不同功能模块为用户提供价值的差异出发，总结了不同模块的差异。在此基础上，该研究关注普遍存在的时间线索——整点——如何影响用户对系统不同功能模块（核心学习模块和游戏化模块）的使用行为及使用效果。具体地，基于思维模式理论（the mindset theory），该研究融合信息系统领域多种典型的研究方法，包括对用户使用在线学习软件的客观数据分析、实验室实验和与企业合作开展的实地实验，分析了相关数据并验证了整点的出现会激活用户的执行式思维模式（implemental mindset），促使用户在使用核心学习模块或完成学习任务时坚持更长时间、取得更好的学习效果。与之相对，整点的出现对用户使用游戏化模块的行为和结果的影响呈现不同结果。相比于在随机时间点开始使用游戏化模块，用户在整点开始使用游戏化模块时的感知愉悦性更低。该研究结果为学习系统和游戏化系统的优化设计提供了参考。

　　第二个研究关注应用智能系统替代传统电话自助客服系统的情境。该研究借助某电信运营商上线智能服务系统的自然实地实验，借助系统搜集的客观服务数据，分析企业引入基于语音的 AI 系统替代传统交互语音应答（IVR）系统时对服务时长、用户对人工服务的需求和用户抱怨的影响。该研究利用经典的双重差分（DID）模型，发现 AI 系统的应用（替代IVR 系统）能够显著增加用户的服务时长，减少用户抱怨，但并不显著地影响用户对人工服务的需求。该研究进一步发现，AI 系统对用户抱怨的影响效果受到服务需求复杂性和用户与 AI 系统交互经验的影响，用户与 AI 系统的交互过程存在学习效应。此外，AI 系统的引入对减少年长用户、女性用户和使用传统客服系统时间较长用户的服务抱怨效果更明显。该研究的发现为企业应用 AI 系统支持客户服务相关决策提供了支撑。

　　第三个研究关注应用智能系统替代人向用户提供学习任务反馈的情境。通过对反馈设计、AI 应用和归因理论相关文献的整理，该研究首次综合分析了学习反馈来源（AI 或者人）、反馈效价（正向或者负向）和反馈维度（主观或者客观）等特征如何交互影响用户对反馈公平性、可靠性和满意度的感知。通过在美国或中国招募被试开展系列在线实验，该研究发现由人或者 AI 提供的客观维度的正向或负向反馈均不能引起被试感知的差异。但是，相比于由人提供的主观维度的负向反馈，用户收到来自 AI 的相同反馈时会获得更低的感知反馈公平性、可靠性和满意度。系统可通过向被试解释 AI 生成反馈的过程和 AI 完成相似任务的结果准确度来提高用户对反馈的感知。该研究的发现能帮助在线学习系统优化反馈功能的设计。

本书通过介绍在信息系统领域典型的借助智能技术支持学习系统实现游戏化设计、应用智能系统替代传统电话自助客服系统和应用智能系统替代人向用户提供学习任务反馈这三类应用场景中开展的研究，向读者展示了不同智能技术场景中用户与系统的部分交互规律，并借此呈现了信息系统领域主流的研究思路和研究方法，希望能够为对智能信息系统相关研究感兴趣的读者带来启发。

作　者

目　　录

第 1 章　引言 …………………………………………………………… 1

1.1　研究开展的背景 ……………………………………………… 1

1.1.1　智能技术的广泛应用 …………………………………… 1

1.1.2　智能在线学习系统 ……………………………………… 3

1.1.3　智能客服系统 …………………………………………… 5

1.2　研究内容与研究意义 ………………………………………… 6

1.2.1　研究内容 ………………………………………………… 6

1.2.2　研究意义 ………………………………………………… 8

1.3　本书结构 ……………………………………………………… 10

第 2 章　相关文献评述 ………………………………………………… 11

2.1　智能技术应用 ………………………………………………… 11

2.2　游戏化信息系统与自我控制 ………………………………… 13

2.2.1　游戏化信息系统与智能技术 …………………………… 13

2.2.2　自我控制与时间线索 …………………………………… 15

2.3　客户服务与智能应用 ………………………………………… 16

2.3.1　人工服务、自助服务与智能服务 ……………………… 16

2.3.2　电话客服系统及其智能化 ……………………………… 18

2.4　信息反馈与智能应用 ………………………………………… 19

本章小结 …………………………………………………………… 21

第 3 章　智能在线学习系统中的整点效应 ………………………… 22

3.1　研究背景及研究问题 ………………………………………… 22

3.2　理论分析与研究假设 ………………………………………… 23

3.2.1　思维模式理论 …………………………………………… 23

3.2.2　研究假设 ………………………………………………… 24

3.3　用户行为数据分析 …………………………………………… 26

3.3.1　数据集 …………………………………………………… 26

3.3.2　整点对不同功能模块使用行为的影响 ………………… 28

3.3.3 整点对工具型结果的影响 …………………………………… 32

3.4 实验室实验验证整点效应 …………………………………… 33

3.4.1 实验设计 …………………………………………………… 33

3.4.2 实验结果及讨论 …………………………………………… 35

3.5 实地实验验证整点效应 …………………………………… 36

3.5.1 实验设计 …………………………………………………… 36

3.5.2 实验结果及讨论 …………………………………………… 37

3.6 内在机制及边界条件探索 …………………………………… 39

3.6.1 在线实验设计 ……………………………………………… 40

3.6.2 在线实验结果 ……………………………………………… 42

3.7 结果讨论 …………………………………………………… 43

3.7.1 主要发现 …………………………………………………… 43

3.7.2 理论贡献及实践启示 ……………………………………… 44

3.7.3 研究不足及未来研究方向 ………………………………… 45

本章小结 …………………………………………………………… 45

第4章 基于语音的 AI 系统对用户行为和服务效果的影响 ………… 47

4.1 研究背景及研究问题 ……………………………………… 47

4.2 理论分析 …………………………………………………… 49

4.2.1 AI 系统对服务时长的影响 ………………………………… 49

4.2.2 AI 系统对人工服务需求的影响 …………………………… 50

4.2.3 AI 系统对用户抱怨的影响 ………………………………… 51

4.3 研究方法 …………………………………………………… 51

4.3.1 实验情境 …………………………………………………… 51

4.3.2 数据及变量测量 …………………………………………… 52

4.3.3 计量模型构建 ……………………………………………… 55

4.4 研究结果 …………………………………………………… 56

4.4.1 主要结果分析 ……………………………………………… 56

4.4.2 用户使用 AI 系统过程中的学习效应 ……………………… 58

4.4.3 AI 系统影响的异质性分析 ………………………………… 62

4.4.4 AI 系统应用带来的新颖性效应 …………………………… 65

4.4.5 用户与 AI 系统互动特征的影响 …………………………… 69

4.4.6 安慰剂效应检验 …………………………………………… 69

4.5 结果讨论 …………………………………………………… 70

4.5.1 主要发现 …………………………………………………… 70

4.5.2 理论贡献及实践启示 ……………………………………… 70

4.5.3 研究不足及未来研究方向 ………………………………… 72

本章小结 …………………………………………………………… 72

第5章 在线学习系统中人或 AI 的反馈对用户感知的影响 ················· 73

5.1 研究背景和研究问题 ·· 73

5.2 理论分析和研究假设 ·· 74

  5.2.1 归因理论 ·· 74

  5.2.2 不同任务反馈的影响 ·· 76

5.3 实验一:不同学习反馈对用户感知的影响 ······························ 78

  5.3.1 实验设计 ·· 78

  5.3.2 实验结果 ·· 79

5.4 实验二:引入反馈透明度对用户感知的影响 ·························· 82

  5.4.1 实验设计 ·· 82

  5.4.2 实验结果 ·· 83

5.5 结果讨论 ··· 85

  5.5.1 主要发现 ·· 85

  5.5.2 理论贡献及实践启示 ·· 86

  5.5.3 研究不足及未来研究方向 ·· 86

本章小结 ··· 87

第6章 结语 ·· 88

6.1 研究总结 ··· 88

6.2 主要创新点 ·· 90

6.3 未来研究方向 ·· 91

参考文献 ··· 93

附录 A 第3章研究补充分析结果 ·· 110

附录 B 第4章研究补充分析结果 ·· 119

附录 C 第5章研究实验网页截图及补充分析结果 ·························· 125

第1章

引　言

1.1　研究开展的背景

1.1.1　智能技术的广泛应用

近年来,商务活动中海量数据的积累、计算能力的快速提高和深度学习算法的不断优化促使包括计算机视觉、语音识别和自然语言处理在内的多项信息技术(Information Technology, IT)水平大幅提升(陈国青 等,2020;冯芷艳 等,2013;孙见山 等,2020;Anthes,2017;Rzepka et al.,2018)。该变化也引起相关学者的关注。众多学者围绕智能系统的特征及其定义展开了丰富的讨论。例如,Rzepka et al.(2018)将智能系统定义为至少具备问题解答、知识表述、推理、计划、学习、感知、自然语言处理或沟通中一项能力的信息系统。从本质上来讲,智能技术或 AI(Artificial Intelligence)技术是支撑不同智能系统实现相应功能的基础或核心算法。根据斯坦福大学 2019 年发布的人工智能指数(Artificial Intelligence Index)年度报告,智能技术支撑下的信息系统在多类任务中的表现已经达到普通人类甚至领域专家的水平。例如,在 2018 年,基于机器翻译竞赛常用的数据集 newstest 2017,微软公司开发的机器翻译系统在完成将新闻故事由中文版本翻译为英文版本的任务时已经达到人类翻译的准确度;2018 年,在一款多用户竞技游戏中,DeepMind 算法的表现也达到了人类游戏玩家的水平,该算法能在游戏中表现出诸多人类行为,无论扮演队友还是竞争对手的角色,其在游戏中的胜出率都超过了优秀的人类玩家。

目前,智能技术已被广泛用于支撑或变革商务实践,既有利于提高现有系统(如决策支持系统)的实践表现,也催生出新的商务应用(如智能语音助理)(陈国青 等,2018;冯芷艳 等,2013)。根据麦肯锡(Mckinsey & Company)2019 年对 2 360 位来自不同企业受访者的调查,58％的受访者表示其所在企业至少在一个部门使用智能技术,30％的受访者表示智能技术被用于企业的多个业务领域。① 与此同时，Grand View Research 公司预测，全球人工智能市场规模于 2019 年已经达到 399 亿美元，在未来 7 年将以 42.2％的平均速度快速增长。② 智能技术已经被证明是数字时代最突出的变革要素。在我国，人工智能企业数量在 2019 年已经超过 4 000 家，位列全球第二，表明我国企业对人工智能领域应用的关注和支持处于世界前列。③

随着智能技术的持续发展和广泛应用，越来越多的个人、团体及组织需要主动或被动地与智能信息系统交互，并在交互过程中相互影响、相互塑造，逐步形成人机融合智能。与传统信息系统相比，智能信息系统具有诸多新的特点。智能信息系统既在感知、推理、决策等人具备的重要能力上逐步接近甚至超过人类的水平，也在交互方式（如语音对话）、外在形象上表现出诸多拟人化的特点。系统内在能力和外在特征的根本变化能从不同方面影响用户在与系统交互前、交互过程中以及交互之后的感知、态度、意愿、行为及行为结果。鉴于智能信息系统带来的革命性改变，智能信息系统的优化设计以及个体或组织与不同智能信息系统交互过程中的行为特点和交互效果，已经成为目前信息系统领域关注的重要研究议题。

在此背景下，Rzepka et al.（2018）通过对信息系统领域文献的综述，对个体层面开展的智能信息系统相关研究进行了深度总结，基于 Zhang et al.（2004；2005）的研究成果，他们概括出了信息系统（IS）领域个体与 IT 交互的研究框架（如图 1-1 所示）。该研究框架指出，系统特征、用户特征以及任务和情境特征 3 个维度的关键因素均会影响用户与特定信息系统的交互行为和交互结果。智能技术的发展和应用会直接改变系统特征，使得信息系统越来越智能化。一方面，智能技术水平的提高带来用户与系统交互方式的改变。例如，在传统电话自助服务系统中，用户通过输入服务系统要求的数字/语音获取特定的服务。在引入语音识别和自然语言处理技术后，用户可以通过自然对话的方式与智能服务系统交互，更便捷、更灵活地与服务系统"沟通"，以获取所期望的服务。另一方面，智能化也表现为支持传统信息系统实现新的功能，甚至从人类操作的工具演变为替代人类来完成特定任务的主体。例如，在在线学习系统中，智能技术被用于支持系统的游戏化设计，通过对用户行为模式的学习和提炼，为用户提供难度相匹配且高度逼真的虚拟竞争"对手"，帮助用户获得良好的游戏化学习体验。当然，在线学习系统也可以借助机器学习算法，对用户学习过程中的任务表现进行综合分析，自动向用户提供及时和个性化的学习反馈。

基于 Rzepka et al.（2018）提出的从个体层面分析用户与信息系统交互的研究框架，本书以两类典型的应用智能信息技术的系统——在线学习系统和客户服务系统——为主要研究对象，借助信息领域的典型研究方法，分别分析了特定智能技术应用场景中外在情境因素和智能系统本身特征如何影响用户与系统的交互行为及交互结果。具体而言，围绕在线学习系统，本书的研究将关注借助智能技术在传统学习系统引入游戏化模块的场景下，用户与系统不同功能模块的互动特点及互动结果。与此同时，本书的研究还关注当智能系统能够

---

① Mckinsey & Company. Global AI Survey: AI proves its worth, but few scale impact. https://www.mckinsey.com/~/media/McKinsey/Featured％ 20Insights/Artificial％ 20Intelligence/Global％ 20AI％ 20Survey％ 20AI％ 20proves％ 20its％ 20worth％ 20but％ 20few％ 20scale％ 20impact/Global-AI-Survey-AI-proves-its-worth-but-few-scale-impact. pdf.

② https://www.grandviewresearch.com/industry-analysis/artificial-intelligence-ai-market.

③ 资料来源于德勤研究发布的《全球人工智能发展蓝皮书》。

像人一样为用户提供学习任务表现反馈时,用户对来自人或 AI 的反馈信息的感知有何差异。围绕客户服务系统,本书的研究则深入探讨应用基于语音的 AI 系统替代传统交互语音应答系统对用户行为及服务效果的影响。

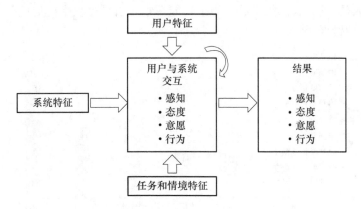

图 1-1 IS 领域个体与 IT 交互的研究框架(Rzepka et al.,2018)

1.1.2 | 智能在线学习系统

在线学习是指借助电子化技术和资源来获取知识的过程。[①] 互联网用户的持续增长促进了在线学习服务需求的不断增加。根据 Global Market Insights 发布的调查报告,在 2019 年,全球在线学习市场规模达到 2 000 亿美元。该企业还预测,在之后的 6 年,市场规模将以 8% 的平均速度持续增长。截止到 2020 年,在国外,各大慕课(MOOC)在线学习平台已经提供了超过 1.63 万门在线课程,吸引了超过 1.8 亿用户。[②] 在中国,在线教育市场也呈现出快速发展的态势。中国互联网络信息中心(CNNIC)发布的第 45 次《中国互联网络发展状况统计报告》显示,截至 2020 年 3 月,我国在线教育用户规模达 4.23 亿,较 2018 年年底增长 2.22 亿,占全体网民的 46.9%(用户规模变化趋势如图 1-2 所示)。根据艾瑞咨询发布的《中国在线教育行业发布报告 2019》,2019 年中国在线教育市场规模能达到 3 133.6 亿元,同比增长 24.5%,预计之后的 3 年市场规模增速将保持在 18%～21% 之间。用户对在线教育的接受度不断提升,在线付费意识逐渐养成以及线上学习体验和效果的提升是在线教育市场规模持续增长的主要原因。[③]

将智能技术应用于在线学习系统,有助于更好地发挥在线学习的优势,提升用户的学习体验和学习效果。例如,智能在线学习系统有潜力实现自动化的学习效果评价和远程指导服务,能将有限的教师资源从大量重复、耗时的日常任务中解放出来,支持教师将主要精力投入到更有价值的工作中。同时,智能技术的应用支持根据学生个性特点和知识水平实现"因材施教"。对于不能很好地适应常规课堂教学模式、基础知识掌握程度不同的学生,基于智能技术构建的学习管理系统能够识别不同学生学习模式的潜在特征,根据识别结果,将他们分配到不同的学习设计场景中,并为他们提供更具针对性的学习内容。智能学习系统还

---

① https://www.gminsights.com/industry-analysis/elearning-market-size.

② https://www.classcentral.com/report/mooc-stats-2020/.

③ http://report.iresearch.cn/report/201912/3502.shtml.

能够将相对复杂的学习任务进行系统化、科学化的分解,提取和强调便于用户吸收和理解的重要知识点。[①] 此外,基于智能技术的学习系统不局限于仅仅向用户呈现信息和提供测试,这类系统能帮助用户接触到教材之外的知识领域,更有利于挖掘用户的兴趣点和潜力。相比于人类指导人员,基于智能技术的指导工具能在学习引导过程中更加投入,拥有更丰富的知识,产生更少的错误。[②]

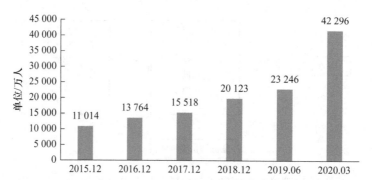

材料来源:CNNIC,《中国互联网络发展状况统计报告》。

图 1-2 2015.12—2020.03 中国在线教育用户规模变化趋势

但是,在实践中,与传统线下课堂教学相比,在线学习系统也面临突出的问题和挑战。一方面,由于网络环境无法支撑学生与老师、学生与学生之间频繁、直接的互动,用户在学习过程中的参与感不强,容易被网络上的其他信息吸引注意力,这使得在线学习平台面临严重的用户流失问题,很少有用户能坚持完成在线课程的学习(陈国青 等,2020;吴继兰 等,2019)。因此,如何通过合适的设计来提高用户的使用体验,保持用户的活跃性,是在线学习平台需要重点考虑的问题。有研究发现,借助智能技术引入游戏化设计(如设计虚拟"对手"与用户进行互动竞争)是提升用户体验和学习参与程度的有效方法。围绕游戏化在线学习系统,已经有比较丰富的研究成果。但现有研究或者将游戏化学习系统作为一个整体(Cheong et al., 2013;Hanus et al., 2015;Hsu et al., 2018;Ibanez et al., 2014;Oppong-Tawiah et al., 2020;Wolf et al., 2020),或者仅关注某些特定的游戏化设计特征,如竞争规则、积分和排行榜的设计(Santhanam et al., 2016;McDaniel et al., 2012;Zhou et al., 2019),通过理论分析和实证研究探讨游戏化学习系统内部因素对用户行为和学习效果的影响。然而,行为经济学和时间管理相关的研究结果显示,用户的行为并非完全理性,他们开展学习等自我控制相关活动受到诸多情境因素的影响(Dai et al., 2014;2015)。作为对学习系统和游戏化设计相关研究的拓展,在回顾相关研究文献的基础上,本书的第 3 章聚焦分析和验证游戏化学习系统外部普遍存在的时间线索如何影响用户与游戏化学习系统的交互行为以及交互结果。

另一方面,教育领域的诸多研究已经证实,向用户提供及时有效的学习反馈能在他们的学习过程中发挥重要的作用(Cramp,2011;Hattie et al., 2007;Lizzio et al., 2008)。然而,与线下学习相比,在在线学习环境中用户很少能通过与教师的直接互动来获得及时且个

[①] https://www.forbes.com/sites/aswinpranam/2019/10/04/transforming-online-learning-with-artificial-intelligence/#11d6cf54432e.

[②] https://elearningindustry.com/future-artificial-intelligence-in-elearning-systems.

性化的学习反馈。这不利于用户对自身学习效果的准确评估。目前,智能技术已经具备自动处理和评价用户在不同学习任务中的表现的能力。例如,在托福(TOEFL)考试写作成绩判定过程中,机构会综合人工评价结果以及 AI 算法的打分结果给出最终的成绩。[①] 在线学习平台可以考虑借助智能技术对用户在学习任务中的表现进行深入、系统以及不同维度的分析,为用户提供及时反馈。但是,多项与智能技术应用相关的研究已经证实,智能系统能否实现预期的价值不仅取决于系统自身能力,还受到用户对智能技术的主观态度、感知和接受程度的影响(Castelo et al., 2019;Longoni et al., 2019;Luo et al., 2019)。因此,作为对现有研究的补充,本书第 5 章将深入探讨在在线学习系统中,智能系统(相比于人)为用户提供不同的学习任务反馈如何影响用户对收到的学习表现反馈的感知。

1.1.3　智能客服系统

智能技术也被广泛用于客户服务活动中,替代传统自助服务系统或者辅助人工服务(Xiao et al., 2019),以便支持企业提高客户的服务体验并降低服务成本。Salesforce 的首席数字官 Evangelist 曾强调"在商业领域,尤其对拥有良好技术能力的公司,最可能拥抱智能技术的业务将是客户服务。"IDC(International Data Corporation)在分析报告中也指出,智能技术是高度竞争环境中的重要影响因素,尤其是在零售和金融这类直接面向客户的行业中。借助虚拟服务助理、产品推荐和可视化搜索,智能技术有潜力将客户服务体验提升到新的水平。[②] 根据 Markets and Markets 发布的统计报告 "Artificial Intelligence as a Service Market",人工智能服务的市场规模在 2017 年已经达到 11.3 亿美元,将以 48.2% 的年增长速度快速增长,并在 2023 年达到 108.8 亿美元。[③] 另外,根据 Statista 的统计,中国的智能客服行业在 2018 年已经达到 27.2 亿元,预计在 2022 年达到 161 亿元。图 1-3 展示了 Statista 曾预测的中国 2018—2022 年智能客服行业市场规模的变化趋势。[④] 从该图可以看出,中国智能客服市场规模正快速增长。

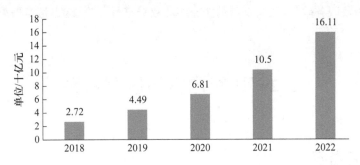

材料来源:Statista。

图 1-3　2018—2022 年中国智能客服行业市场规模

---

① https://www.ets.org/accelerate/ai-portfolio/erater.

② https://techsee.me/blog/ai-customer-service/.

③ https://www.marketsandmarkets.com/Market-Reports/artificial-intelligence-ai-as-a-service-market-121842268.html.

④ https://www.statista.com/statistics/1024840/china-ai-customer-service-industry-market-size/.

许多学者已经就智能应用/智能客服系统的优势进行了深入剖析(Brynjolfsson et al.，2017；Wilson et al.，2018)。第一，智能应用或智能客服系统(如智能助理)可以帮助企业以更加新颖有效的方式与顾客交互。例如，客户可以按照自己习惯的表达方式，通过自然的语音对话与客服系统交互，获得特定服务。第二，相比于由人类提供服务，智能客服系统具有高度的可扩展性，例如，一个聊天机器人可以同时向处于不同地方的多个客户提供常规的客户服务(Wilson et al.，2018)。第三，智能客服系统具有持续学习和自我提升的能力(Brynjolfsson et al.，2017)。当智能客服系统遇到非常规的服务问题时，它首先会将该问题转到人工服务，并通过进一步跟踪后续交互行为来学习如何在相似情境中解决类似的问题。最重要的是，通过人与智能系统的协作，智能系统可以更高效准确地向客户提供基础服务，而将服务人员从大量重复的工作中解放出来，专注于解决复杂的问题(Wilson et al.，2018)。智能客服系统还能够通过对客户历史消费记录和服务记录的学习，了解客户的不同偏好，并进一步支持向不同客户提供个性化的服务。

考虑将智能技术应用于客户服务会带来诸多好处，许多企业已经或计划投入大量资源支持智能客服系统的实施。根据IDC在2019年3月发布的预测报告，2019年全球范围内对智能系统的投资额将达到358亿美元，在2022年达到792亿美元。2019年，企业在智能客户服务上的投资已经占全球所有AI应用相关投资的12.5%，达到45亿美元。[①] 虽然理论上智能客服系统能为客户和企业创造重要价值，但是，正如斯坦福大学著名人工智能专家吴恩达所强调的，目前智能技术在应用过程中普遍存在由理论到实践的鸿沟(proof-of-concept-to-production gap)。在实际应用过程中，智能客服系统在与人交互时可能面临比训练数据中记录的问题更加复杂的问题。例如，在提供服务的过程中，系统可能会遇到算法训练时没有遇到的情况，导致服务失败(Brynjolfsson et al.，2017)。另外，用户行为相关的研究也表明，尽管智能技术已经能够达到普通人类甚至领域专家的水平，但用户对智能客服系统的主观态度和接纳程度在智能客服系统的价值实现过程中扮演了重要角色(Castelo et al.，2019；Dietvorst et al.，2015)。在实际应用过程中，企业引入智能客服系统如何影响用户行为及服务效果，还需要借助企业实践数据进行分析，这也是本书第4章希望探讨的问题。

1.2　研究内容与研究意义

1.2.1　研究内容

将不同智能技术应用到传统信息系统中，有助于提高信息系统的智能性，既可能增强传统信息系统的技术能力和任务表现，也可能帮助信息系统实现新的功能。智能信息系统表现出来的类似于"人"的特征和"行为"，必然会引起用户在与系统交互过程中感知和行为上的重要变化。根据Rzepka et al.(2018)提出的IS领域个体与IT交互的研究框架(见图1-1)，

---

① https://www.marketingdive.com/news/idc-retail-to-lead-global-ai-spending-in-2019-as-total-market-reaches-35/550240/.

目前探讨智能应用或智能信息系统影响的研究分别从不同视角分析了 3 类关键因素（系统特征、用户特征以及任务和情境特征）、用户与系统交互特点以及交互结果之间的相互影响关系。

其中，关注用户与系统交互特点的研究已经分析了用户与智能系统交互可能触发的不同行为表现和交互结果。部分研究证实，与智能信息系统交互会影响用户对系统人性化（humanness）的感知及用户如何将人类的行为、认知和情感特征赋予智能信息系统（Beran et al.，2011）。用户在与智能信息系统交互的过程中会表现出与人类交互相似的特点，如通过调整交流过程中的句子表述和语法结构以便适应系统的表达方式（Cowan et al.，2015）；尽量让用户自身的某些观点与系统保持一致（Adomavicius et al.，2013）。与此同时，也有研究发现用户在主观上对使用智能信息系统存在抵触情绪，甚至认为智能系统会带来威胁（Castelo et al.，2019；Yeomans et al.，2019）。进一步，有研究还对比了用户在和智能系统或人交互时的特点，发现与不同对象的交互会造成用户主观努力（Corti et al.，2016）、个人信息披露（Pickard et al.，2016）和责任分配等行为表现的差异。

在系统特征方面，有研究证实了智能系统能力（包括学习能力、自动化能力和自然语言理解能力等）（Chang，2010；Chao et al.，2016）、系统的透明度（transparency）（Wang et al.，2007）、系统形象设计（Sundar et al.，2017）等因素带来的影响。与此同时，用户性别、年龄和文化背景等人口统计特征以及用户与智能系统互动的经验都会影响用户对智能系统的感知、接纳和持续使用行为（Rzepka et al.，2018）。当然，用户与智能系统的互动都是处于特定的任务情境下，任务复杂性和不确定性（Dalal et al.，1994；Lamberti et al.，1990）等外部环境特征也会影响用户与系统的交互行为和交互结果。

从现有研究可以看出，研究人员需要结合特定的研究场景，综合考虑来自系统、用户和情境的因素来分析智能系统对用户产生的影响。本书将关注两类典型的智能信息系统——智能在线学习系统和智能客户服务系统，通过三个研究，逐次分析在智能技术用于支持学习系统实现游戏化设计、替代传统自助客服系统或替代人向用户提供学习任务反馈的情境下，智能系统本身或情境特征如何影响用户与智能系统的交互行为以及交互结果。本书的研究框架如下（见图 1-4）。

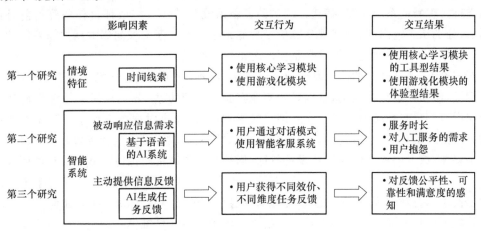

图 1-4　研究框架

具体来讲,本书将详细介绍三个研究。

第一个研究关注借助智能技术支持学习系统实现游戏化设计的情境,分析"智能在线学习系统中的整点效应"。在在线学习系统中,相比于由传统在线学习系统演化而来的核心学习模块,基于智能技术引入的游戏化模块能增强用户使用该系统的娱乐性体验,为用户带来享乐价值。在该情境下,第一个研究关注一类特定的情境因素——整点如何影响用户与不同功能模块的交互。第一个研究将结合学习系统中的客观数据分析、实验室实验和实地实验等研究方法,从智能学习系统中不同功能模块为用户提供的主要价值特点出发,探讨整点这类时间线索如何影响用户对核心学习模块和游戏化模块的使用以及与使用行为密切相关的工具型结果和体验型结果。

第二个研究关注应用智能系统替代传统电话自助客服系统的情境,探讨"基于语音的 AI 系统对用户行为和服务效果的影响"。借助中国北方某城市电信运营商在电话服务中心实施基于语音的 AI 系统的自然实地实验,第二个研究构建计量模型,分析用基于语音的 AI 系统替代传统 IVR 系统时对用户服务时长、用户对人工服务的需求及用户抱怨的影响。在此基础上,通过对用户与系统对话内容的文本分析,第二个研究进一步分析用户与基于语音的 AI 系统交互的语言特点以及 AI 系统语音识别错误带来的负面影响。

第三个研究关注应用智能系统替代人向用户提供学习任务反馈的情境,探索"在线学习系统中人或 AI 的反馈对用户感知的影响"。基于归因理论,第三个研究通过在亚马逊 MTurk 平台以及国内不同高校招募被试参与在线实验,综合探究智能在线学习系统中的反馈来源(人或者 AI)、反馈效价(正向或负向)和反馈维度(主观或客观)如何交互影响用户对反馈信息的感知。在此基础上,第三个研究进一步验证如何通过增强反馈信息的过程透明度(procedure transparency)和结果透明度(outcome transparency)来消除人们对不同来源的反馈信息在感知上的差异。

1.2.2　研究意义

本书介绍的三个研究关注智能在线学习系统和智能客服系统,分别探讨了智能技术在扮演支持实现新的系统功能、替代传统自助客服系统和替代人完成评价任务等角色时带来的影响,分别从系统内部、外部视角分析了智能系统或情境因素如何影响用户与系统的交互及交互结果。本书的研究结果具有重要的理论和实践意义。

在理论上,本书介绍的研究基于行为经济学、心理学和服务运营相关理论,结合具体的研究情境,借助计量分析、实验室实验和实地实验等研究方法,分别探讨了情境特征和智能系统应用对用户与系统的交互及交互结果的影响。(1)通过对智能在线学习系统中整点效应的分析拓展了在线学习系统和游戏化设计相关研究。现有研究或者将游戏化学习系统作为一个整体,或者关注具体的游戏设计特征,均从系统内部视角探讨游戏化设计的引入对用户学习行为和效果的影响。作为补充,该研究从价值提供角度区分游戏化学习系统中的核心学习模块和游戏化模块,并关注系统外部普遍存在的整点这类时间线索如何显著影响用户与系统不同功能模块的交互以及交互结果。该研究借助思维模式理论对整点产生影响的内在机制进行解释,提出并验证整点的出现会促使用户开始长期价值追求行为,激励用户开始使用核心学习模块并触发用户的执行式思维模式,支持他们在学习任务中坚持更长的时间,取得更好的学习效果。与之相对,在整点(相比于其他时间点)开始使用游戏化模块则让用户获得更低的愉悦性和心流体验。相关研究结果丰富了思维模式理论相关文献。(2)对客户服务系统中基于语音的 AI 系统的应用对用户行为和服务效果影响的研究从用户角度关注客户的服务体验,分析了智能客服系统如何通过增强服务过程灵活性来提高系统服务效果(减少客户抱怨),将目前围绕 AI 应用开展的研究扩展到客户服务领域。结合对计量模型分析结果和用户与 AI 系统交互内容的分析,该研究还深入探讨了用户在与 AI 系统交互过程中存在的学习效应,即对相对简单的服务,AI 系统的应用直接减少用户抱怨;对相对复杂的服务,AI 系统有助于减少有丰富的该系统使用经验的用户的抱怨行为。该研究还初步发现 AI 语音识别失败次数与用户转人工需求和抱怨显著正相关,丰富了不完美 AI 相关的研究。该研究同时考虑了用户性别、年龄等个体差异对 AI 系统影响的调节作用,对传统运营分析文献中用固定参数代表系统对所有用户的服务效果的相关研究进行了拓展。(3)在线学习系统中由人或 AI 提供的学习任务反馈对用户感知影响的研究综合考虑了反馈信息的 3 方面特征(反馈来源、反馈效价和反馈维度),并分析了这 3 类特征的交互如何影响用户感知。鉴于现有的反馈相关研究主要对相对客观的任务/表现给出反馈,作为对相关文献的拓展,该研究考虑人们对 AI 的主观认知特点,引入反馈维度对相对主观或客观的任务反馈进行区分,研究发现,相比于由人给出主观维度的负向反馈,用户在收到由 AI 提供的相同反馈时会感知到更低的反馈公平性、可靠性和满意度。但用户对来自 AI 或人的客观维度任务反馈(无论是正向反馈还是负向反馈)的公平性、可靠性和满意度感知不存在显著差异。此外,该研究进一步总结了可能造成人们感知差异的两类因素(对 AI 给出反馈的过程不了解或者对 AI 完成类似任务的能力存在主观偏见),参考系统透明度相关文献,构建 AI 反馈的过程透明度和结果透明度两个反馈设计特征,通过在线实验验证了可以通过增强两类反馈透明度来提高用户对 AI 提供的反馈的感知。

在实践上,本书的研究结果为智能信息系统尤其是智能在线学习系统和智能客服系统的设计和优化提供了参考。总的来说,研究结果发现智能系统本身和其所处的情境因素都会显著影响用户与系统的交互行为和交互结果。平台在进行智能系统设计和优化时需要充分考虑系统内外部因素对用户的影响。(1)对智能学习系统中整点效应的分析结果显示,系统或平台需要综合考虑其为用户提供的主要价值(实用性 vs. 享乐性)以及时机,设计合理的提醒系统或提醒信息来促进用户对不同功能系统或模块的使用以及使用效果。(2)对智能客服系统中基于语音的 AI 系统带来的影响的分析量化了 AI 系统在提高用户服务体验上的实践价值,为企业持续应用 AI 系统提供客户服务提供了决策支持。与此同时,该研究初步探索了 AI 服务失败带来的负面影响,启示企业需要持续投入,提高 AI 能力,以便减少服务失败带来的对人工服务的需求和服务抱怨。(3)在线学习系统中人或 AI 提供的学习任务反馈对用户感知影响的研究显示,相比于由 AI 生成的主观维度的负向任务反馈,用户更偏好由人给出的相同反馈。用户对由人或 AI 提供的客观维度反馈的感知不存在显著差异。该结果表明 AI 更适合用于向用户提供相对客观的任务反馈。此外,在借助 AI 向用户提供主观维度负向反馈时,学习系统可以加强对 AI 给出反馈的具体过程和评价结果准确度的说明,提高用户对反馈公平性、可靠性和满意度的感知,从而让反馈充分发挥作用。该发现能为智能学习系统中的反馈功能设计提供参考。

1.3 本书结构

围绕所提出的研究框架,本书从研究背景展开,具体包括如下 6 章内容。

第 1 章介绍了本书三个研究开展的主要背景。该章从智能技术水平的提高和智能信息系统的广泛应用等背景出发,结合多家行业研究机构发布的分析报告,介绍了全球范围及中国国内智能市场的发展趋势。在此基础上,该章详细介绍了智能技术在在线学习系统和客户服务系统应用中存在的问题、相关研究进展以及本书介绍的研究将从哪些角度进行拓展。此外,该章还概括了三个研究的主要内容和研究意义。

第 2 章回顾了与研究相关的文献。该章对与三个研究相关的智能技术应用、游戏化学习系统、自我控制、客户服务、信息反馈等文献进行系统梳理,回顾了相关研究主题下的研究进展、主要结论和待解决问题。通过文献回顾,该章还进一步总结了本书介绍的三个研究与现有文献的联系与区别。

第 3 章介绍了第一个研究——"智能在线学习系统中的整点效应"。该章首先介绍了在线学习系统中引入智能技术支持游戏化设计的具体场景。在此基础上,该章基于思维模式理论,分析了典型情境因素——自然出现的整点线索如何影响用户对使用系统核心学习模块和游戏化模块的行为和使用结果,提出了相关假设。随后,该章逐次介绍了如何通过分析用户使用在线学习系统的客观数据、实验室实验和实地实验验证"整点效应"的存在,同时揭示了产生该现象的理论机制并探讨了该效应存在的边界条件。

第 4 章介绍了第二个研究——"基于语音的 AI 系统对用户行为和服务效果的影响"。该章首先介绍了基于语音的 AI 系统的应用场景,并分析了用基于语音的 AI 系统替代传统 IVR 系统的优势和由此引起不确定性。进一步,该章结合交互模式和服务运营相关研究结论分析引入 AI 系统对用户服务时长、用户对人工服务需求和用户抱怨的影响。该章简要介绍了与中国北方某城市移动运营商合作开展的自然实地实验,构建计量模型量化分析了 AI 系统带来的影响。该章还对 AI 系统在处理相对简单或相对复杂服务任务时的效果,用户与 AI 系统交互过程中的学习效应和新颖效应,用户特征对 AI 系统影响的调节作用和 AI 系统服务失败带来的负面影响展开了探讨。

第 5 章介绍了第三个研究——"在线学习系统中人或 AI 的反馈对用户感知的影响"。该章首先介绍了 AI 用于完成学习任务评价相关实践的应用场景,进而提出了明确的研究问题,进一步,基于归因理论,综合分析了反馈来源、反馈效价和反馈维度如何交互影响用户对反馈信息的感知,并提出研究假设。该章还分别介绍了在亚马逊 MTurk 平台和中国不同大学招募被试参与实验,验证来自人或 AI 的不同类型学习任务反馈对用户感知的影响是否存在差异,并探讨了如何通过提高 AI 反馈的过程透明度和结果透明度来消除反馈来源带来的用户感知差异。

第 6 章围绕本书介绍的三个研究进行了总结,概括了相关研究的主要创新点及后续研究方向。

第 2 章

相关文献评述

为了充分阐述与关注应用智能技术支持学习系统实现游戏化设计、替代传统自助客服系统以及替代人提供学习反馈 3 个场景下系统内外部因素对用户感知或行为的影响带来的价值,作为基础,本章对这 3 个场景相关主题的文献进行了比较系统的梳理和介绍,在回顾智能技术应用相关研究的基础上,分别回顾了游戏化信息系统、客户服务、信息反馈相关研究,也整理了智能技术应用于相应场景所带来的改变、现有研究的局限性和潜在研究问题。

2.1 智能技术应用

目前,智能技术/AI 技术已经逐渐被用于解决许多问题,并促进了相关应用领域的快速变革。在医疗健康领域,智能技术已经被用于糖尿病、皮肤癌、抑郁症等疾病的诊断,并有助于将专业级别的诊断技术引入基层医疗机构,缓解医疗资源紧张的难题(付常洋 等,2021;Abramoff et al.,2018)。在自动驾驶领域,智能技术可用于向驾驶员报告潜在的风险,包括"盲区中有汽车"或"车后有行人"等。智能技术还可用于预测车辆的运行状况,甚至支持特定情境下的自动驾驶(Agrawal et al.,2019)。在法律服务领域,基于 IBM Watson 系统的自然语言和认知计算平台构建的 Boss 智能系统能够对法律诉讼结果进行预测,并且为诉讼准备推荐必要的阅读材料。[①] 在学习指导领域,智能技术被用于为学习者挑选练习任务、提供恰当的提示和反馈、确定阅读材料和设计相应的教学活动。在企业运营管理领域,智能技术被广泛用于需求/销售预测(Cui et al.,2018;Ferreira et al.,2016)、库存管理(Bertsimas et al.,2016;van Jaarsveld et al.,2015)、供应链管理(Wang et al.,2018)和风险管理(Lopez-Cuevas et al.,2017)。虽然发生在不同的领域,但上述智能技术应用的相关研究主要关注智能技术的客观表现(算法达到的目标效果),通过持续优化算法设计来提高应用的效果。

与此同时,也有学者开始探讨智能技术或 AI 技术如何影响组织内部的职能设计、任务分配和决策制定过程。在这类研究中,研究人员既需要考虑智能技术自身的能力表现,也需要考虑组织或组织内用户的主观态度、认知和行为特点,即他们如何感知、采纳和持续使用

相关系统。例如,Tambe et al.(2019)探讨了智能技术应用如何影响企业中的人力资源职能设计。通过分析,他们指出人力资源管理包括一系列复杂的任务(如衡量员工绩效)以及出现频率相对较低的任务(如员工招募),这些任务的完成结果都对企业和员工至关重要,并通过对任务特点和 AI 应用特点的分析,研究对适合由 AI 或人主导的任务进行分类。Huang et al.(2019)则进一步将企业内的工作任务划分为机械类任务(mechanical tasks)、思考类任务(thinking tasks)和感觉类任务(feeling tasks)。通过对比分析,他们预测,在未来人类员工将会主导完成感觉类任务,而机械类任务和思考类任务将会逐渐由 AI 系统接管。与此同时,Shrestha et al.(2019)分析了 AI 如何改变组织内部的决策制定,通过综合考虑决策空间、候选集大小、决策速度以及决策的可解释性和可重复性,构建分析框架解释了哪些组织决策需要完全交由 AI 完成,哪些决策需要由人与 AI 协作完成,以及哪些决策需要人和 AI 并行完成。

此外,也有研究关注智能系统或 AI 系统与消费者/用户的直接交互。一方面,通过实证研究,部分学者直接验证了智能系统带来的经济价值和实践价值。Brynjolfsson et al.(2019)分析了智能翻译系统在贸易活动中消除语言壁垒(language barrier)所带来的影响。基于 eBay 国际贸易平台引入智能翻译功能的自然实验,借助连续 DID(Difference-in-Differences)模型,研究证明该功能的引入能提高约 10.9% 的国际贸易出口量。通过与阿里巴巴集团合作开展实验,Sun et al.(2019)对电子商务平台引入基于语音的购物功能所造成的影响进行了分析。该研究发现,引入基于语音的购物功能有助于提高用户的购物数量和消费金额。其中,该语音购物功能对用户购物数量的影响对高收入、高活跃度的年轻用户更加显著;与之相对,引入该功能对用户消费金额的影响对低收入、低活跃度的年轻用户更加显著。进一步的分析发现,基于语音的购物功能促使用户表现出更深、更广的搜索行为,该功能可以有效补充而不是替代用户在 PC 端和移动端的购买行为。

另一方面,部分实证分析和实验室实验却得出了人们抵触与智能系统/AI 系统交互的结论。例如,Luo et al.(2019)研究了基于语音的 AI 系统在进行金融产品营销时的表现。通过分析来自超过 6 200 名用户的行为数据,研究发现在不披露 AI 身份的情况下,AI 系统的表现与高水平专业营销人员的表现不存在显著差别。然而,与消费者交互前披露 AI 身份会导致产品购买率的显著下降。对潜在影响机制的初步探究发现,消费者对 AI 系统存在主观偏见,尽管 AI 系统已经能达到专业工作人员的水平,人们依旧认为它与人类相比缺少知识和同理心,不愿意与 AI 系统交互。与上述发现一致,借助实验室实验,多位学者验证了"算法/AI 厌恶"(algorithm/artificial intelligence aversion)现象。Longoni et al.(2019)发现,在操纵被试想象和实际发生的健康检查情境中,相比于由人提供的服务,人们更不愿意使用由 AI 系统提供的检查服务。同时,相比于由人提供的相同服务,人们对 AI 系统提供的检查服务愿意支付更低的价格,从 AI 系统提供的服务中感知到更低的价值。研究进一步指出,上述现象出现的主要原因是人们担心 AI 系统会忽略他们的个性特征和环境因素的特殊性。Dietvorst et al.(2015)也发现当用户知道算法在预测任务中可能会出错时,尽管该算法的预测表现依旧优于人类的表现,用户在决策过程中也会更少采纳该算法推荐的结果。基于该发现,Dietvorst et al.(2018)对如何降低用户对算法的主观厌恶进行研究。他们发现,在有激励的预测任务中,适当提高用户对预测结果的控制权限有助于消除用户对算法的抵触情绪。当允许被试对算法的预测结果进行调整时,即使被试对算法结果的控制程度受到严格的限制,他们也会更愿意采纳算法预测的结果。此外,也有研究者同时考虑智能系统完成任务类型对用户感知和行为的影响。Yeomans et al.(2019)发现,当通过算法完成主观性较强的任务——预测人们对笑话的偏好——时,人们对算法的主观感知影响其对推荐结果的采纳行为。尽管研究多次验证了算法的推荐准确度高于家人、朋友和陌生人的推荐,人们对算法推荐结果的采纳程度依旧较低。该研究也发现,上述结果主要由人们不能充分理解算法的工作方式/原理导致,可以通过对算法分析流程的解释来提高人们对推荐结果的接受程度。Castelo et al.(2019)则证明,人们从主观上认为算法不具备处理主观任务所需要的感知和体验能力。通过操纵改变人们对任务主观程度的感知或者增强对算法情感维度(相对于认知维度)"类人"能力的解释能提高人们对算法的信任和采纳程度。

通过对相关文献的回顾可以发现,智能信息系统所带来的影响已经成为信息系统领域关注的重要议题。对现有研究的整理结果表明,在用户与智能系统直接交互的情境中,智能技术/应用价值的实现受到应用情境、任务特点、用户主观认知和用户对智能系统的控制权限等因素的影响。因此,在本书介绍的 3 项研究中,将分别侧重于分析智能信息系统所在外部情境特征、智能系统的能力特点和智能系统完成的任务特征等因素带来的影响,探讨系统外部线索或智能系统的应用对用户感知和行为的影响。

2.2 游戏化信息系统与自我控制

2.2.1 游戏化信息系统与智能技术

游戏化(gamification)的正式定义由 Deterding et al.(2011)提出,他们将游戏化定义为将游戏设计要素应用于非游戏的任务情境。在随后的研究中,学者们进一步对游戏化的目标、方式方法和应用场景给出了更多的解释。例如,Mekler et al.(2013)将游戏化定义为为达到促进用户参与的目的,将积分、排行榜和徽章等游戏设计要素应用于非游戏情境。Borges et al.(2014)则将游戏化定义为在非游戏情境中利用基于游戏设计的要素如美学、游戏设计机制和游戏化思考来达到促进用户参与、激励用户使用、强化学习和解决问题的目的。信息系统的游戏化是指在信息系统初始功能的基础上,通过引入游戏层的设计为该信息系统提供激励性的功能(Santhanam et al.,2016;Liu et al.,2017)。设计者常常希望通过信息系统的游戏化让枯燥的任务变得更具趣味性,进而提高使用者的投入和任务表现(Liu et al.,2017)。

相关学者指出,成功的游戏化信息系统需要兼顾两类目标,即同时提升用户的体验型结果(experiential outcomes)和工具型结果(instrumental outcomes)(Santhanam et al.,2016;Liu et al.,2017)。一般来讲,用户感知信息系统有用性,系统是否能帮助用户完成工作任务,用户是否有购买行为和用户使用系统的效果等都属于典型的工具型结果。与之相对,体验型结果则强调用户与系统互动过程中的体验,主要表现为用户使用信息系统过程中的满足感、愉悦感和心流体验(flow)等(Agarwal et al.,2000;Liu et al.,2017)。

根据 Liu et al.(2017)的分析,研究中需要将游戏化与基于游戏的学习(game-based

learning)两个概念进行区分。其中基于游戏的学习系统属于完全游戏(full-fledged games)系统,系统在实现过程中常常需要牺牲部分功能来保持游戏具有的娱乐性价值。因此,在实践中,基于游戏的学习系统往往独立于传统学习系统存在。与之相对,游戏化则强调在将游戏设计要素整合进真实的信息系统的同时,保证不牺牲该系统的原有功能。在实现游戏化的过程中,可能引入的游戏设计主要包括两大类:游戏化要素(gamification objects)和游戏机制(mechanics)。其中,游戏化要素是游戏化系统的基础构建要素,包括常见的角色、脚本、虚拟资产等。在部分情境中,图像、音频、视频、故事和剧情等设计是实现游戏化的重要素材。游戏机制主要指引导用户与游戏目标交互的规则。例如,用户在达成什么目标后获得哪些徽章和积分激励等(Liu et al.,2017)。

通过对相关文献的整理可以发现,目前信息系统的游戏化主要有两种典型的实现方式。在一类游戏化信息系统中,设计者将典型的游戏设计要素,包括徽章、积分和排行榜等直接整合到初始的信息系统中,即游戏化设计要素与原信息系统的功能完全整合,形成不易区分的功能模块(孙凯 等,2018)。在另一类游戏化信息系统中,系统设计者通过引入新的独立的功能模块来实现游戏化设计,如在系统中嵌入小游戏(Santhanam et al.,2016)。对于后一类游戏化信息系统,用户可以直接区分游戏化信息系统的核心功能模块和新引入的游戏化模块。从本质上来讲,核心功能模块是由原信息系统演化而来的,主要向用户提供实用价值,促进工具型结果的实现或提高。一般来讲,用户关注的独立于使用信息系统本身的目标,如提高任务表现能有效地激励用户与这类功能模块的互动(Van der Heijden,2004)。相对而言,用户对游戏化模块的使用主要是以享乐和体验为导向的。这类功能模块的价值很大程度上取决于用户通过与该模块的交互获得的享乐体验(Van der Heijden,2004)。

目前,智能技术逐渐被用于为信息系统的游戏化设计提供支撑。例如,在游戏化信息系统设计过程中,及时恰当的信息反馈对激励用户持续使用游戏化模块十分重要。系统可以借助智能技术学习用户行为模式,识别出提供反馈信息的恰当时机。此外,Liu et al.(2017)也强调,游戏化互动规则的设计需要考虑用户个性特征。智能技术能为基于个性特征的用户细分提供基础支撑。也有部分信息系统通过引入一对一竞争模块来实现游戏化(Santhanam et al.,2016)。这种竞争功能要求系统中除了用户,还同时存在与之相匹配的竞争"对手"。研究已经证实,竞争结构和竞争结果(输或赢)会显著影响用户感知和后续行为(Santhanam et al.,2016)。例如,面对低水平竞争对手的用户能获得更高的自我效能和达到更好的学习效果,面对与自己同等水平的竞争对手用户则表现出更高的参与度(Santhanam et al.,2016)。因此,考虑不同用户的需要和状态,系统需要为用户提供或匹配定制化的"对手"来增强用户的竞争体验。一种经济可行的方法是借助智能技术为用户提供虚拟对手,这也是目前在游戏领域和在线学习系统中常见的做法。

目前,游戏化信息系统已经获得较多研究的关注。有研究将游戏化信息系统作为一个整体,分析引入游戏化设计对用户感知和任务表现的影响。例如,Oppong-Tawiah et al.(2020)基于说服设计原则,借助游戏化信息系统鼓励用户减少能源消耗。结果显示,该系统的使用能降低用户的用电量并增强他们持续参与环境友好活动的动机。Wolf et al.(2020)基于自我决定理论探讨了游戏化服务情境中自我发展、社会连接、表达自由和社会比较等体验要素对企业获利行为的影响。研究发现,自我发展这一变量能对企业收益带来最大的影响;社会比较和社会连接的交互会影响企业营利状况。由于在线学习系统是游戏化应用最为常见的一类信息系统,借助文献回顾也可以发现,目前针对游戏化在线学习系统的研究相对比较丰富。例如,借助问卷调查,Cheong et al.(2013)发现在使用游戏化测验系统时,大多数学生更有动力完成测验,并在测验过程中获得更加愉快的体验。他们还发现游戏化测验系统有助于提高用户的学习效率。Ibanez et al.(2014)也在研究中验证了游戏化设计对学生的学习参与行为和学习效果带来的正向影响。然而,Hanus et al.(2015)通过对游戏化课程和非游戏化课程中学生感知和表现的对比,却发现相比于普通课程中的学生,被分配到游戏化课程的学生表现出更低的参与动机和满意度,也在最终考试中获得更低的成绩。研究强调,设计者需要谨慎考虑如何恰当地将游戏化引入学习场景。

与此同时,也有研究关注某类具体的游戏设计要素对用户行为和行为结果的影响。例如,Santhanam et al.(2016)关注一类常用的游戏设计要素——竞争,并探究了不同竞争结构,即用户使用游戏化模块时与高水平、和自己同等水平或低水平的对手竞争对其体验和行为的影响。Zhou et al.(2019)则关注排行榜的影响,基于前景理论、框架效应和社会比较理论,发现用户处于学习过程中间时自我激励水平较低;当用户在排行榜中处于较低位置时,排行榜提供的外在激励会降低。McDaniel et al.(2012)分析了游戏化学习系统中徽章对用户的影响,通过对用户的调查发现朋友获得徽章会激励用户想要获得徽章。陈国青 等(2020)在研究中指出,排行榜帮助实现游戏化设计中的间接竞争,而用户间一对一"PK"会促进直接竞争,两类竞争设计都有助于增强用户的学习效果。

通过对游戏化信息系统,尤其是游戏化学习系统相关研究的分析,可以发现现有研究或者将游戏化信息系统作为一个整体,或者仅考虑某类游戏设计要素的影响,研究均从系统内部视角分析游戏化设计对用户的影响。作为对上述研究的拓展,本书介绍的第一个研究将对游戏化学习系统中的不同功能模块进行区分,关注系统外部情境因素(自然出现的整点)如何影响用户与不同功能模块,即核心学习模块和游戏化模块的交互以及交互结果。

2.2.2 自我控制与时间线索

时间是一种重要且稀缺的资源,人们常常需要将有限的时间合理分配到不同的任务中,尤其是能为用户带来长期价值的任务。在考虑时间相关的决策时,人们普遍面临着自我控制的问题(Duckworth et al.,2018),也就是,他们面临着在"需要"(should)进行和"想要"(want)进行的行为活动上分配时间的冲突。具体来讲,"需要"进行的行为活动(如完成某项任务、提高学习成绩)一般会带来相对长期的价值,而"想要"进行的行为活动(如玩游戏)在短期更具有吸引力(Milkman et al.,2008)。为了更好地追求长期价值,人们通过自我控制决策来帮助自己将更多的时间分配到"需要"的活动上。Saini et al.(2008)在研究中指出,人们倾向于依据启发式线索进行时间相关的决策。例如,他们会将某些突出的时间线索(如新的一年、一月、一周)与其他时间点区别对待,也更倾向于在这些时间线索出现后开始自我控制行为(如在网页搜索减肥信息、去健身房和承诺实现特定目标等)(Dai et al.,2014;2015;Duckworth et al.,2018)。Gabarron et al.(2015)也在研究中验证了随着新工作周的开始,人们的健康信息搜索行为会随之增加。Hennecke et al.(2017)发现,人们更愿意在某个时间边界出现后开始行动以追求某个目标(如减肥),即使用户可能会因为该决策浪费部分时间资源或者花费更多的金钱。Peetz et al.(2013)则强调突出的时间线索(如生日)能激励用户开始与未来目标追求一致的行为。Ayers et al.(2014)也在研究中发现用户的戒烟行为存在周期性规律,他们在一周中第一天的戒烟行为记录最高。

上述与时间线索相关的研究表明,人们会将某些突出的时间点与其他时间点区分开来。这些突出的时间点(如9点整)形成了影响用户行为的重要的时间线索。进一步,自然出现的时间线索,即突出的时间点会触发用户的自我控制行为,并进而支持用户开始追求具有长期价值的目标。在与游戏化学习系统互动的过程中,用户同样面临着自我控制的难题。多位学者指出,向在线学习系统中引入游戏化设计的一个潜在风险便是分散用户投入核心学习任务的时间和精力,从而妨碍学习目标的实现(Falloon,2013;Friedman,2016;Thiebes et al.,2014)。特别地,对通过引入独立模块实现游戏化设计的学习系统,用户能够直接区分系统中不同类型的功能模块。从价值提供的角度,可以将这些模块分为核心学习模块和游戏化模块。其中,核心学习模块主要由传统在线学习系统演化而来,这类模块主要向用户提供长期的实用价值(如获取新知识或学习某项技能),用户使用这类模块主要是为了提升工具型结果(如提高学习表现)。与之相对,游戏化模块是为了实现游戏化设计而引入的功能模块,用户享受使用该模块的过程,并从中获得愉悦性体验。

综合游戏化学习系统、自我控制和时间线索相关文献,本书介绍的第一部分研究关注日常生活中普遍存在的时间线索——整点(如9:00、10:00等),分析这类时间线索是否会显著影响用户与不同功能模块的互动。在此基础上,鉴于现有文献主要关注时间线索对用户行为的影响,并没有深入探讨这种行为模式如何进一步影响用户的目标的实现,作为对相关文献的补充,本研究还将进一步分析整点对用户与不同功能模块互动结果,即工具型结果和体验型结果的影响。本研究的发现将为游戏化学习系统的优化设计提供参考。

2.3　客户服务与智能应用

2.3.1　人工服务、自助服务与智能服务

客户服务存在于企业与消费者在产品或服务的购买前、购买过程中以及购买完成后的几乎所有交互活动中。[①] 几乎所有的企业都希望通过经济有效的方式向现有或潜在客户提供信息或者帮助(范秀成 等,2004)。在传统客户服务中,服务主要由企业雇员面对面提供(杜建刚 等,2009)。因此,在营销领域,大量的研究者从不同角度分析了雇员的行为表现如何影响客户的服务体验。例如,Bettencourt et al.(1996)通过定性分析,探讨了雇员对客户采取的针对性服务策略以及提供个性化服务的努力对客户满意度的影响。Bitner(1990)在研究中发现,服务环境的有序性和雇员对服务的解释显著影响客户的服务满意度和感知服务质量。Eilleen et al.(1997)通过对不同场景的研究发现客户对服务人员性别的刻板印象会影响其感知服务质量。Goodwin(1996)提出了共通性这一构念来对不同的服务关系进行区分,并构建了完整的研究框架来分析服务传递的不同特点。该研究还指出,消费者特

---

① https://en.wikipedia.org/wiki/Customer_service.

质、情境变量和服务提供者扮演的角色会同时影响共通性,并进而影响服务结果。

随着计算机技术的发展,越来越多的企业考虑通过自助服务技术(Self-Service Technologies,SST)来提供服务。用户通过与服务系统的交互来满足部分服务需求。这类应用解除了服务中需要服务人员全程介入的限制,既能帮助企业降低服务成本,也有助于克服人工服务在时间和空间上受到的限制(曹忠鹏 等,2010;陈中武 等,2013;张圣亮,2009;Meuter et al.,2000)。在实践中,典型的自助服务应用包括自助取款机(ATM)、自助酒店退房、电话服务和基于互联网的快递追踪等。因此,相关研究主要围绕自助服务技术应用对用户体验和行为的影响展开。例如,Langeard et al.(1981)根据用户使用自助服务的意愿对用户进行了细分,他们发现年轻、单身、低收入且受过良好教育的用户更愿意使用自助服务。Bateson(1985)进一步对比了用户对自助服务和人工服务的选择,通过对 1 349 名金融机构用户的调查发现,用户使用自助服务可能并不仅仅是出于方便和节约成本的考虑,用户对服务情境的控制权也是其选择使用自助服务的一个重要影响因素。Dabholkar(1996)则分析了期望服务提供速度、期望易用性、期望可靠性、期望娱乐性和期望控制等因素对自助服务期望服务质量及自助服务使用意愿的影响。Meuter et al.(2000)将典型的自助服务分为三大类,包括基于电话的交互语音应答系统(Interactive Voice Response system,IVR 系统),基于互联网的交互服务以及基于视频技术的服务。不同的自助服务应用可能用于直接向用户提供客户服务,也可能用于支持交易活动,或者用于支持用户的学习、训练和接收信息(Meuter et al.,2000)。

在关注自助服务带来的优势的同时,部分研究也一致发现自助客服系统普遍缺少让用户获得社交感的能力(van Doorn et al.,2017)。随着智能技术水平的不断提高,用户能通过与新形式的人工智能客服系统交互建立特殊的社交关系(quasi-social relationships)(van Doorn et al.,2017)。van Doorn et al.(2017)强调,在未来,客户服务体验将显著受到技术为用户带来的社交感程度的影响。例如,智能虚拟代理(virtual agents)就是企业用于提高服务能力,管理企业-客户关系,增强客户社交体验的典型应用(Kohler et al.,2011)。Kohler et al.(2011)以银行服务为研究情境,发现用户与虚拟代理交互的内容(功能性或社交性)和方式(主动或被动)能对新用户适应过程和服务使用情况产生显著影响。Saad et al.(2016)在研究中指出,商务网站上的虚拟代理(相比于没有虚拟代理)能提高用户的感知交互性和心流体验,进一步促进用户的使用行为。通过详尽的文献回顾,Xiao et al.(2019)总结了客户服务领域客户或企业员工采纳智能服务助理的影响因素,构建了智能服务助理应用对服务质量、客户长期表现和客户参与等结果的影响模型。该模型还强调了服务企业类型(B2B 或 B2C)、服务任务特征(实用性或享乐性)和企业品牌定位对智能服务助理与服务效果关系起到了调节作用(Xiao et al. 2019)。

此外,相关学者一致指出,智能技术用于客户服务最有效的方式是实现人与 AI 的相互协作(许为 等,2021;Brynjolfsson et al.,2017)。一方面,人可以对智能服务系统进行训练,解释智能系统的处理结果,并保证智能技术得到合理的利用。另一方面,AI 能增强人类的认知能力和创造力,将人们从低水平、重复性任务中解放出来(Brynjolfsson et al.,2017;Wilson et al.,2018)。

2.3.2　电话客服系统及其智能化

在诸多客户服务渠道中,电话服务中心(call center)是客户与企业沟通、互动的核心渠道之一(Aksin et al.,2007;Tezcan et al.,2012),是研究服务运营问题重点关注的应用场景。根据 Anton et al.(2004)发布的报告,80%的客户与企业的交互是通过电话客服系统实现的,而 92%的客户基于他们在电话服务中的体验来形成对企业的印象。运营管理相关文献分析了电话服务中心面临的重要运营管理问题,如呼入预测、能力规划、排队策略设计和员工排班等(牟颖 等,2010;Aksin et al.,2007;Gans et al.,2003)。在分析上述问题的基础上,从实际运营情境出发,有学者进一步考虑了服务人员不同的技能水平(Pot et al.,2007)、多址服务运营模式(Tezcan,2005)等情况下的电话服务中心运营管理问题。

现有文献中,在分析电话客服系统运营效果时,学者们常常从系统视角出发,致力于优化客服系统直接跟踪记录的指标(如系统运营成本,服务时长和用户等候时间等),对影响用户与企业长期关系的重要指标,如客户满意、客户忠诚和客户抱怨等的关注相对较少(Aksin et al.,2007)。用户的服务体验,尤其是负面的服务体验,是从客户角度出发衡量系统服务质量的重要指标,可以用来指导客服系统或者服务流程的优化和再设计(Tax et al.,1998)。

营销领域的研究一致指出,对服务提供者来说,服务失败(service failures)是不可避免的(杜建刚 等,2007)。服务失败会直接导致负面的服务体验,进而形成用户抱怨(阎俊 等,2013;Anderson,1998;Luo,2007;Singh,1988)。用户抱怨会损害客户与企业间的关系(Tax et al.,1998)、企业的股票价格(Luo,2007)和企业的市场份额(Hays et al.,1999)。现有研究重点关注了引发用户抱怨的因素(Singh,1988;Voorhees et al.,2005)以及企业面对抱怨时的不同应对策略带来的影响(Homburg et al.,2005;Tax et al.,1998)。例如,Voorhees et al.(2005)在研究中指出,分配公平、过程公平和交互公平都会显著影响用户的服务满意度,进而影响用户后续的抱怨意向。Homburg et al.(2005)则关注企业面对抱怨时的应对方法,他们对比了两类基本的抱怨应对方法——机械式的方法和有机的方法在抱怨管理上的效果,发现两类方法均能有效影响用户发出抱怨后的评价,机械式的方法相对来说影响更大,两类方法的作用效果呈互补关系。然而,通过文献整理可以发现,直接关注如何借助突破性的信息技术(如 AI 技术)来减少用户抱怨的研究相对缺乏。这也是本书中的第二个研究所探讨的问题。

在电话客服系统中,一类常见的自助服务系统是交互语音应答系统(IVR 系统)。IVR系统支持用户在服务电话前端获得自助服务(Tezcan et al.,2012)。一般来讲,客户呼入的服务电话首先被转入 IVR 系统。根据 IVR 系统中的语音提示,客户通过手机按键输入特定的信息来获取需要的服务。IVR 系统无法提供的服务,则需转接到人工服务。如果 IVR系统得到良好的设计和实施,它将能够自动处理很大比例的服务需求,并提高用户的服务体验(Tezcan et al.,2012)。因此,许多研究探讨了如何优化包含 IVR 系统的电话客服系统(Khudyakov et al.,2010;Horvitz et al.,2007;Paek et al.,2004;Suhm et al.,2002)。与此同时,从用户视角开展的研究发现,用户在与 IVR 系统进行交互时会体验到挫败感,他们常常认为这类系统有时候不能理解和满足他们的个性化需求(Dean,2008)。由于缺少个性化的服务和社交互动,用户常常希望跳过 IVR 系统,直接寻求与服务人员进行互动(Scherer et al. 2015;Selnes et al.,2001;Tezcan et al.,2012)。

近年来,智能技术的快速发展促进了系统能力的大幅提升(Brynjolfsson et al.,2019)。2017 年,Google 公司开发的机器学习算法在英语语境下的语音识别准确率已经达到 95%,接近人类对话理解的准确率。[①] 基于相关技术构建的 AI 服务系统能够理解用户的语音输入并且以自然对话的方式与客户进行沟通。因此,在客户服务中引入基于语音的 AI 系统有助于实现与客户的积极交互(Kohler et al.,2011;Van Doorn et al.,2017;Wilson et al.,2018)。在实际应用中,为了增强用户体验以及降低服务成本,越来越多的企业运用基于语音的 AI 系统来补充甚至替代现有服务系统或者客服人员(Xiao et al.,2019)。其中一个重要的应用便是替代传统的 IVR 系统。

通过比较可以发现,基于语音的 AI 系统与 IVR 系统在系统构建输入、技术特征、用户-系统交互模式和服务组织结构上存在本质差别。IVR 系统主要由服务领域的专家结合领域知识构建。根据经验,专家对 IVR 系统提供的服务进行分类整理,并以分层树状的结构将不同的服务组织起来,同时设置不同服务间的跳转规则。用户严格根据预设的规则输入特定信息,逐层跳转,获取需要的服务。一旦设计完成,IVR 系统在服务过程中会保持不变。基于语音的 AI 系统则是基于大量服务数据构建的,该系统的服务能力会随着服务数据的积累不断提高。在服务过程中,客户以自然对话的方式"告诉"系统自己需要的服务。借助语音识别和自然语言处理技术,系统从获取的语音信息中识别用户需求,并且直接定位到用户期望获得的服务。在 AI 系统中,不同服务间以类似于全连接网络的结构连接起来,支持用户直接进行服务间的切换,在服务过程中能显著提高服务流程的灵活性。然而,相比于 IVR 系统,AI 系统结构复杂,很难直接判断它在实际应用场景中的服务效果(Brynjolfsson et al.,2017)。当 AI 系统服务过程中遇到训练数据集外的服务情境,例如,客户交互过程中存在带口音的语音输入,这会导致语音识别的失败并影响系统的有效性。因此,在电话客服系统中引入基于语音的 AI 系统如何影响客户行为及客户服务效果还需要借助对真实场景产生的客观数据的分析来说明。

2.4　信息反馈与智能应用

反馈(feedback)是由某个评价主体给出的与某一实体的表现或理解相关的信息(Hattie et al.,2007)。在教育、商业和公共产品等领域开展的研究已经分别从个人、组织和企业等多个层面探讨了反馈带来的影响。其中,Hattie et al.(2007)整理了教育领域与反馈相关的研究,识别出三个类别(目标相关、表现相关和指导相关)四个层次(任务、过程、管理和个人)的反馈,同时分析了反馈对学习效果可能带来的影响。在商业领域,反馈会显著影响组织策略,如风险追逐行为。如果企业获得的与表现相关的反馈高于预期水平,企业会在 R&D 上有更大的投入;如果企业获得的反馈低于预期,企业会有更多的商业贿赂支出(Xu et al.,

---

① Google's ability to understand natural language is nearly equivalent to that of humans. https://www.vox.com/2017/5/31/15720118/google-understand-language-speech-equivalent-humans-codeconference-mary- meeker.

2019)。除了对组织的整体影响，反馈同时也会影响团队和个人的行为和表现。例如，反馈的效价和信息来源的多样性会影响团队的创造性，具有信息来源多样性的团队能通过负面反馈提供的外部创新信息获益；正面反馈提供的发散且灵活的信息能提高同质化团队的创新性（Xu et al.，2019）。同时，研究也证明了反馈信息会显著影响用户对公共产品（如问答网站、在线评论信息）的贡献（Huang et al.，2018）。

通过对与反馈相关的文献的整理，可以发现反馈的不同特征和其带来的影响效果显著相关（Kluger et al.，1996）。Lechermeier et al.（2018）将反馈特征归纳为反馈来源、反馈时机和反馈效价几个方面。常见的反馈来源包括：自我、同事、领导甚至机器（电子计算机或算法）。通过对比不同反馈来源所造成的影响的研究可以发现，来自自己的反馈比来自领导的反馈更加准确且影响效果更强（Kanfer et al.，1974）。更进一步，反馈来源相关的特征，即来源可信度、来源地位、专家性和可达性也受到不同研究的关注（Lechermeier et al.，2018）。来源可信度越高，反馈接收者会认为该反馈越准确，对反馈越满意，更易于接受该反馈（Bannister，1986），这会进一步促使反馈接收者任务表现和创造性的提高（Hoever et al.，2018）。反馈时机指用户行为表现和收到相应反馈的时间间隔。大量研究证实，越及时的反馈对后续行为表现的影响效果越大（Lechermeier et al.，2018）。然而，教育领域的部分研究却发现延迟的反馈比即时反馈对学习行为和效果的影响更为显著（Lechermeier et al.，2018）。关于反馈的效价，相关研究主要关注正向反馈和负向反馈带来的影响。通过对比可以发现，正向反馈可以提高用户对反馈质量和反馈有用性的感知，也有利于提高反馈接受度和反馈满意度（McFarland et al.，1994；Wang et al.，2015；Westerman et al.，2014）。

除了上述特征，反馈强调的内容（合作、竞争或个人表现）、反馈类型（信息提供型或确认型）和反馈渠道（信息反馈、当面反馈或电子计算机反馈）也会影响反馈带来的效果（Huang et al.，2018；Lechermeier et al.，2018）。反馈接收者特征如自尊、自我效能和自我意识以及任务难度、任务类型和任务资源约束等特征也会同时调节反馈带来的影响（Lechermeier et al.，2018）。

随着人工智能技术，尤其是自然语言处理技术的发展，AI系统逐步具备了像人一样理解、分析和评价用户表现的能力，能够及时给出任务表现的相关反馈。正如Gonzalez-Mule et al.（2016）在研究中所指出的，团队需要通过反馈来保持目标的明确性，因此团队成员需要收到及时且高频的反馈信息。AI系统能够持续追踪用户的任务表现，其提供的反馈能满足"及时"和"高频"的要求。已有研究开始分析AI系统提供的反馈所带来的影响。Walter et al.（2015）发现，与普通AI系统相比，交互过程中具有高社会临场感的AI系统在对简单任务提出反馈时会获得更高的感知可信度和有用性。Pitsch et al.（2013）则发现，当机器人给出反馈时表现出人类的特征（如微笑），人们会更喜欢该反馈，且该反馈会影响人们的行为表现。还有学者指出，作为借助计算机、智能设备或机器人给出的反馈，AI系统提供的反馈能避免用户与人的直接交互，有利于传递负面信息，避免负面信息给人带来的压力（Vossen et al.，2017）。

通过对文献的分析可以发现，与反馈相关的研究主要关注对相对客观的任务/表现给出的反馈，且一致发现反馈信息来源和反馈效价是影响反馈接收者感知和反馈效果的重要因素。随着智能技术的发展，AI系统逐渐具备对任务进行评价的能力，成为一类新的反馈来源。目前关于 AI 反馈的研究相对较少且比较分散,研究中对 AI 反馈特点的关注不足。基于此,本书介绍的第三部分研究将充分考虑人们对 AI 系统的主观认知特点,通过引入反馈维度(主观或客观)对反馈信息关注的任务类型进行区分,并基于归因理论,探讨在线学习场景中来自人或 AI 的学习任务反馈对用户感知的影响。

本 章 小 结

本章围绕智能技术/AI 技术在不同领域的应用展开,总结了智能技术应用相关研究的进展。在此基础上,本章进一步回顾了游戏化信息系统相关文献、智能技术如何支撑游戏化设计以及用户与游戏化信息系统交互过程中的自我控制,发现现有研究主要从系统内部视角分析游戏化设计对用户感知和行为的影响。基于此,本书介绍的第一部分研究工作将关注系统外部的时间线索(整点)如何影响用户与智能游戏化学习系统的交互及交互效果。此外,本章也回顾了客户服务相关研究进展,重点探讨了电话服务中心如何进行服务效果衡量、IVR 系统与基于语音的 AI 系统的特点,本书介绍的第二部分研究工作希望借助客观数据分析基于语音的 AI 系统替代 IVR 系统对用户行为和服务效果的影响。最后,本章还总结了反馈相关文献以及 AI 系统提供反馈可能带来的潜在影响,本书第三部分研究工作将结合人们对 AI 系统的主观认知,对反馈关注的任务类型进行区分,对比来自人或 AI 的不同反馈对用户感知的影响。

第3章

智能在线学习系统中的整点效应

3.1 研究背景及研究问题

　　智能技术正逐渐被用于支持或优化在线学习系统的不同功能,其中一类重要的应用是支持学习系统的游戏化设计。所谓游戏化,是指将游戏设计要素应用于非游戏的场景(Deterding et al.,2011)。游戏化设计正被广泛引入在线学习系统以促进用户参与和提高用户的学习表现(陈国青 等,2020;Liu et al.,2017;Santhanam et al.,2016)。有关数据显示,全球游戏化教育市场在 2016—2022 年间会以平均 66.22% 的速度增长,其价值在2020 年能达到约 12 亿美元。① 一般来讲,游戏或游戏系统是典型的娱乐或享乐导向的信息系统,这类信息系统旨在为人们带来愉快的体验并鼓励用户的使用(Van der Heijden,2004)。与之相对,传统信息系统是生产导向或实用性导向的系统。对系统的使用是为了支持用户或组织实现外部目标(如完成学习或者工作任务),获得工具型价值(Van der Heijden,2004)。学习系统游戏化的基本思路是将游戏设计要素集成到传统在线学习系统中,让学习任务变得更加有趣,从而提高用户学习过程中的参与度、对系统的使用和学习效果(Thiebes et al.,2014;Liu et al.,2017)。

　　但是,在线学习系统引入游戏化设计的一个潜在风险是可能会分散用户投入核心学习任务的精力,从而有可能妨碍学习目标的实现(Falloon,2013;Friedman,2016;Thiebes et al.,2014)。与自我控制相关的研究发现,人们需要主动控制个人行为,以便能够将精力投入到更具有长期价值的目标的追求活动中,避免短期的享乐性诱惑(Duckworth et al.,2018)。在在线学习的情景下,由于用户的注意力很容易受到网络环境中学习课程以外的活动或信息的吸引,许多用户都面临自我控制的难题(Kizilcec et al.,2015)。对学习活动"糟糕"的控制是造成无效学习的主要因素(Nawrot et al.,2014;Kizilcec et al.,2017)。该自我控制难题在用户使用游戏化学习系统的过程中会更加突出,因为系统中的游戏化模块可能会吸引用户过多的注意力,从而使他们没有足够的精力分配到核心学习任务中。对于本

---

① Global Education Gamification Market 2016-2020. https://www. researchandmarkets. com/reports/3985296/global-education-gamification-market-2016-2020.

章研究关注的、包括核心学习模块和游戏化模块的学习系统:核心学习模块主要由传统的学习系统演变而来,支持用户获得更具长期价值的工具型结果(Van der Heijden,2004);游戏化模块的实施旨在通过游戏设计要素的引入改善用户使用体验,为用户提供即时的享乐价值(Santhanam et al.,2016;Liu et al.,2017)。当智能技术被用于支持学习系统的游戏化设计时,通过对用户历史数据的学习,可以借助技术手段深度挖掘用户的行为模式特点,形成个性化的游戏化设计,提高用户使用游戏化模块的体验。游戏化模块的引入会进一步分散用户分配到核心学习模块的时间和精力。因此,用户需要主动控制对不同功能模块的使用。研究人员也有必要深入探索哪些因素会影响以及如何影响用户的自我控制行为及他们对游戏化学习系统不同模块的使用。

与此同时,行为经济学领域的研究发现,用户的自我控制决策或行为受到时间线索(特定的时间点,它常常影响用户的时间管理决策)的影响。突出的时间线索,如新的一年、一月或一周,都能激励用户克服意志力缺乏的难题并促使他们开始具有长期价值的目标追求行为(Dai et al.,2014;Duckworth et al.,2018)。本章研究将关注一类普遍存在的时间线索——整点带来的影响,因为这类时间线索是用户进行时间管理的重要参考点,它们的出现会影响用户的目标导向行为。

目前,与游戏化信息系统相关的研究或者将系统作为一个整体(Cheong et al.,2013;Hanus et al.,2015;Hsu et al.,2018;Ibanez et al.,2014;Oppong-Tawiah et al.,2020;Wolf et al.,2020),或者仅关注某个特定的游戏化设计要素带来的影响(McDaniel et al.,2012;Santhanam et al.,2016;Zhou et al.,2019)。这些研究主要探讨了游戏化信息系统内部因素对用户感知和行为的影响。很少有研究关注系统外部因素(如时间线索)如何影响用户与游戏化信息系统不同组成部分的交互及交互结果。为了对现有文献进行拓展,本章研究将对游戏化学习系统的不同模块进行区分,分析自然出现的整点带来的影响,并回答以下问题。

(1)整点如何影响用户对游戏化学习系统中核心学习模块和游戏化模块的使用?

(2)整点如何影响用户对游戏化学习系统不同功能模块的使用结果(工具型结果和体验型结果)?

3.2 理论分析与研究假设

3.2.1 思维模式理论

思维模式理论(the mindset theory)最初由 Gollwitzer(1990)提出。他指出,在人们追求目标的不同阶段,有两种不同且非常重要的思维模式,即考虑式(deliberative)思维模式和执行式(implemental)思维模式(Gollwitzer,1990)。特别地,当处于考虑式思维模式时,人们倾向于比较不同选择的优点和缺点;当处于执行式思维模式时,人们将认知资源用于处理执行相关的信息,进而促进目标追求行为(刘源 等,1996;Gollwitzer,1990;Tu et al.,2014)。现有研究表明,一旦人们的某种思维模式被激活,会通过认知和行为两个维度的特征表现出来(Gollwitzer，1990；Zhao et al.，2012)。例如，当人们处于执行式思维模式(相比于正常状态或处于考虑式思维模式)下，他们倾向于表现出积极的情绪(Taylor et al.，1995)，感知到自己对环境有更强的控制力(Gollwitzer et al.，1989)，对个人能力给出超过平均水平的评价(Taylor et al.，1995)。在行为方面，处于执行式思维模式的人能更快地开始目标追求行为(Tu et al.，2014)，也能在解决复杂问题时坚持更长的时间且取得更好的效果(Brandstatter et al.，2002)。

与思维模式相关的一部分研究也关注哪些具体因素会触发特定的思维模式。研究表明，要求人们面对不同的选择做出决策或者让他们思考不同选择的优缺点都能够激活其考虑式思维模式；而让人们计划如何实施既定的项目或完成相应的任务能够触发其执行式思维模式(Gollwitzer et al.，1990)。此外，标示着从"外"到"内"变化的空间和时间相关的线索也能触发人们的执行式思维模式(Tu et al.，2014)。例如，研究发现，当用户进入购物商场大门(Lee et al.，2006)或者跨过与任务无关的情境线索(Zhao et al.，2012)后，他们会变得更加具有执行导向。Tu et al.(2014)通过实验证明，强调特定的时间线索(如周与周、月与月的界限)会促使人们将未来的任务进行分类。当任务被划分到当下时间段"内"时，用户有更强的执行式思维模式，更可能开始执行该任务。在本研究中，自然出现的整点是用户跟踪和控制时间花费的重要参考点，它的出现会显著影响用户的目标导向行为(Allen et al.，2017)。用户常常对时间进行分段管理，对用户而言，整点的出现常常标志着"进入"新的时间阶段。根据现有研究结果，本章研究则提出，整点这类时间线索能够触发用户的执行式思维模式并激励他们开始追求学习目标。

3.2.2 研究假设

用户行为领域的研究表明用户的行为和选择常常受到获得价值回报的驱动(Okada，2005)。信息系统领域的研究也证实，信息系统的实用(utilitarian)或享乐(hedonic)特性会影响用户与信息系统的互动(Van der Heijden，2004；Venkatesh et al.，2012)。为了满足用户的不同需求，一些典型的信息系统，如在线购物系统和在线学习系统，常常选择集成不同的功能设计来满足用户的实用需求和享乐需求(Venkatesh et al.，2012)。

本章研究主要关注同时包含核心学习模块和游戏化模块的游戏化学习系统。在这类系统中，核心学习模块由传统学习系统演化而来，主要帮助用户学习新知识和提升专业技能以支持其对具有长期价值的学习目标的追求。与之相对，游戏化模块主要通过提高用户使用过程中的愉悦体验和心流体验来为其提供享乐价值(Agarwal et al.，2000；Liu et al.，2017；Santhanam et al.，2016)。例如，在游戏化的英文单词学习应用中，用户可以使用核心学习模块学习如何拼写、朗读和使用新单词，也可以通过使用游戏化模块与其他用户进行单词比赛来获得游戏化的享乐体验。

在与游戏化学习系统交互的过程中，为了更好地追求长期价值，实现学习目标，用户会有意或无意地控制自身对不同功能模块的使用。对用户而言，开启对核心学习模块的使用是典型的"需要"类行为。如何更好地将时间和精力分配到核心学习模块对多数用户来说是一个重要挑战。与此同时，相关研究发现自我控制决策可能会受到易于追踪的时间相关线索的影响(Dai et al.，2014；2015；Duckworth et al.，2018)。例如，一些特定时间线索(如新的一年、一月和一周的开始),都会触发人们诸如搜索减肥信息,去健身房锻炼或者写下个人目标承诺等长期目标追求行为(Dai et al.,2014)。人们更倾向于在工作周开始的时间搜索健康相关的信息(Gabarron et al.,2015)。从更细的角度来看,自然出现的整点常常被用户作为时间相关决策的重要参考点(Allen et al.,2017),也可能帮助用户在日常生活中跟踪和控制时间花费。

Sellier et al.(2019)在研究中发现人们会依赖钟表上的时间(clock time),通过将时间划分为不同的单位来控制某些活动的开始和结束。在探究数字对用户感知和行为影响的研究中,Shoham et al.(2018)证实了人们常常将整数(相比于小数)作为分类边界,跨过整数分类边界可以强化用户对变化程度的感知。因此,在时间管理过程中,整点的出现代表一个新的时间区间的开始,能够触发用户的自我控制行为,即将时间花费在"需要"而不是"想要"的活动上。因此,本章研究提出了整点的出现能够提高用户使用核心学习模块的可能性。与之相反,这些时间点的出现也可能会抑制用户对短期享乐价值的追求,从而降低用户使用游戏化模块的倾向。因此,本章研究提出以下假设。

假设 1a:用户越远离最近出现的整点,其开始使用核心学习模块的可能性越小。

假设 1b:用户越远离最近出现的整点,其开始使用游戏化模块的可能性越大。

学习效果是使用在线学习系统最重要的工具型结果之一(Hanus et al.,2015;Liu et al.,2017)。考虑整点的出现可能会触发用户开始使用核心学习模块,本章研究进一步分析了这种使用模式如何影响用户的学习效果。根据思维模式相关研究,代表着从"外部"到"内部"改变的时间和空间相关的线索,能够触发用户的执行式思维模式(Tu et al.,2014;Zhao et al.,2012)。例如,消费者在空间上从零售店外部进入内部会变得更加执行导向(Lee et al.,2006)。与任务无关的情境因素,如排队引导和地毯的出现都会让人们有更强的执行式思维模式(Zhao et al.,2012)。本章研究提出,整点这类时间线索,作为用户控制时间花费的重要情境线索,标示着一个新的时间区间的开始,也会触发用户的执行式思维模式。

与此同时,有研究已经证实,当用户被激活执行式思维模式后,更能够促使不同任务目标的成功实现(Gollwitzer et al.,1997;Orbell et al.,2000)。处于执行式思维模式的用户会变得更乐观(Gollwitzer et al.,1989),更倾向于将注意力集中到目标相关的信息(Buttner et al.,2014),也能在目标追求行为上坚持得更久,取得更好的任务完成效果(Brandstatter et al.,2002)。在本章研究中,当整点能激励用户开始使用核心学习模块并触发更强的执行式思维模式时,用户会将精力集中到学习相关的信息上,因此,用户能将学习行为坚持得更久,也能获得更好的学习效果。基于上述分析,本章研究提出以下假设。

假设 2a:相比于在其他时间点开始使用核心学习模块,用户在整点开始使用核心学习模块能坚持更长时间。

假设 2b:相比于在其他时间点开始使用核心学习模块,用户在整点开始使用核心学习模块能取得更好的学习效果。

除了关注整点这类时间线索对用户使用核心学习模块的工具型结果的影响,有些学者还关注游戏化学习系统需要兼顾的另一目标——提高用户使用该系统的体验型结果(Liu et al.,2017;Santhanam et al.,2016)。相关学者在研究中指出,感知愉悦性和心流体验是最典型的体验型结果(Mullins et al.,2020)。因此,本章研究也分析了整点这类时间线索如何影响用户使用游戏化模块时的感知愉悦性。尽管整点的出现可能会激励用户开始使用核心学习模块,但用户仍然可以选择在这些时间点开始使用其他的功能模块(例如,游戏化学习平台一般在整点推送消息,引导用户开始使用某一功能模块)。如果用户在整点开始使用游戏化模块,即选择追求临时的享乐价值,那么这种行为可能会导致长期价值(常常被时间线索触发)与短期享乐之间的冲突,促使用户重新思考他们面临的不同选择的优点和缺点,进而激活用户的考虑式思维模式。有研究指出,处于考虑式思维模式的用户可能会有更差的情绪和自我感知能力(Taylor et al.,1995)。此外,处于考虑式思维模式的用户更可能被突发的信息分散注意力(Fujita et al.,2007)。因此,当用户在考虑式思维模式中使用游戏化模块时,他们更难集中精力享受使用游戏化模块带来的愉悦性或者心流体验。因此,本章研究提出如下假设。

假设 3:相比于在其他时间点开始使用游戏化模块,用户在整点开始使用游戏化模块获得更低的感知愉悦性和心流体验。

本章研究将通过用户客观行为数据分析、实验室实验和实地实验 4 个子研究来对上述假设进行验证。其中,用户行为数据分析的结果能验证整点这类时间线索的出现与用户使用游戏化学习系统不同功能模块行为及使用结果的相关关系;实验室实验能通过对时间线索的操纵,验证时间线索出现与用户行为间的因果关系,并对整点效应产生的内在机制和边界条件进行分析;实地实验的结果有助于提高研究发现的外部效度。

3.3　用户行为数据分析

本部分通过与中国某游戏化单词学习应用合作,借助对从该应用中获取的用户客观行为数据的分析,对假设 1a、假设 1b 和假设 2b 进行验证。用户行为数据分析的结果表明:(1)整点这类时间线索的出现会触发游戏化学习平台中用户对核心学习模块的使用,同时抑制用户对游戏化模块的使用;(2)在整点开始使用核心学习模块与用户取得的工具型结果(学习效果)正相关。

3.3.1　数据集

本研究的数据集来自一款游戏化单词学习应用,该应用支持用户对英语单词的学习。该单词学习应用于 2011 年 12 月上线供用户下载。截止到 2016 年 7 月,该应用拥有超过 3 000 万注册用户,并在应用商店学习类应用的排名中位于前列。该单词学习应用包含不同的功能模块。其中,学单词模块是典型的核心学习模块,它支持用户学习如何拼写、阅读和使用新单词。该模块同时集成了"复习"功能,用户可以直接通过该功能来评估自己记住了多少新学的单词。与之相对,该单词学习应用还有一个独立的、易于用户识别的游戏化模块——竞争模块。引入竞争模块是在线学习系统实现游戏化的过程中常用的设计方式(Santhanam et al.,2016)。该单词学习应用中的游戏化模块允许用户与系统随机匹配的对手或从社交媒体上邀请的好友进行单词匹配(根据英文单词匹配正确的中文含义)比赛。在游戏化模块的功能设计中,企业借助人工智能技术,为用户设计机器人"对手"。该机器人对手能根据用户的单词水平动态调整自身的能力水平,并随时随地满足用户提出的比赛需求。在竞争过程中,该机器人对手拥有类似于普通用户的头像和用户名,具有延迟答题等拟人的行为,能帮助用户获得更好的竞争体验。此外,与其他游戏的设计类似,在使用游戏化模块过程中,用户会伴随动感的背景音乐在有限的时间内完成单词含义匹配题目。基于用户回答速度和准确度计算的得分也会同步显示在用户的手机屏幕上。结束比赛时,用户会立即收到比赛的结果(输或赢)。上述两个功能模块的设计截图见图 3-1。其中图 3-1(a)展示核心学习模块的主要功能,用户在该模块中学习单词"arbitrary"的拼写、发音、使用示例和常用短语。图 3-1(b)展示游戏化模块的界面。界面显示选词造句比赛的题目、答案选项、用户和竞争对手的头像、各自得分、回答本题剩余时间等。

在本研究使用的数据集中,有 15 011 个用户在 2016 年 11 月到 2017 年 2 月这 4 个月期间使用了核心学习模块和游戏化模块。表 3-1 整理了用户在观测期间与这两个功能模块互动的基本信息。从表 3-1 的结果可以发现,用户在观测期间平均每人学习 190.51 个单词(用户学习单词的数量最多达到 3 897 个,最少为 0 个),样本中用户平均有 7.12 天会使用该游戏化单词学习应用,其中使用核心学习模块和游戏化模块的次数平均分别为 13.73 次和 7.00 次。

(a) 核心学习模块

(b) 游戏化模块

图 3-1　核心学习模块与游戏化模块截图

表 3-1　用户与不同功能模块的互动行为统计信息

观测变量	极小值	极大值	均值	标准差	观测数
用户在观测期间学习的单词数	0	3 897	190.51	336.89	15 011
用户在观测期间使用游戏化单词学习应用的天数	1	129	7.12	10.78	15 011
用户在观测期间使用核心学习模块的次数	1	5 273	13.73	61.54	15 011
用户在观测期间使用游戏化模块的次数	1	466	7.00	15.73	15 011

在进行具体的用户行为数据分析前,本研究首先根据用户登录不同功能模块(核心学习模块和游戏化模块)的时间记录提取其中的"分钟"值(如从"2017-01-01 09:05:02"中提取出"05")。在此基础上,分别统计用户在不同时间点登录核心学习模块和游戏化模块的累计记录次数,结果见图3-2。在该图中,横轴代表提取的时间点的具体数值(最小值=0,最大值=59;其中0表示不同的整点),纵轴代表所有用户在每一个时间点登录不同模块的累计记录次数。从图3-2中拟合出的直线变化趋势可以直观看出,在整点(横轴上取值为0观测点),用户登录核心学习模块的记录相对更多,而用户在这些时间点登录游戏化模块的记录明显少于大部分其他时间点的登录记录。图3-2中的变化趋势为研究假设1提供了初步支撑证据。

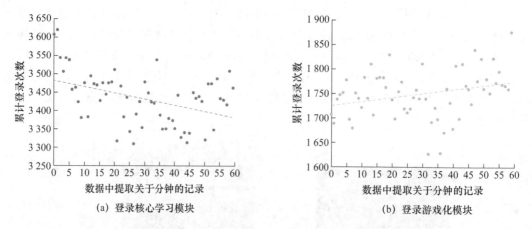

(a) 登录核心学习模块　　　　　　　　(b) 登录游戏化模块

图3-2　不同时间点用户登录核心学习模块和游戏化模块的记录次数

3.3.2　整点对不同功能模块使用行为的影响

参考 Dai et al.(2014)在研究中使用的数据分析方法,本研究首先借助最小二乘法(OLS)分析整点的出现与用户开始使用核心学习模块和游戏化模块行为的关系。回归模型见式(3-1)和式(3-2)。

$$\text{Using Core Learning Modules} = \alpha_1 \cdot \text{Temporal Distance} + \varepsilon \qquad (3\text{-}1)$$

$$\text{Using Gamification Modules} = \alpha_1 \cdot \text{Temporal Distance} + \varepsilon \qquad (3\text{-}2)$$

该回归分析是基于15 011名用户的累计行为记录数据进行的群体层面分析。具体而言,式(3-1)中因变量 Using Core Learning Modules 代表所有用户登录核心学习模块的累计记录数,式(3-2)中因变量 Using Gamification Modules 代表所有用户登录游戏化模块的累计记录数。两个公式中的主要自变量为 Temporal Distance,该变量用于衡量距离上一个最近出现整点的时间距离(通过从登录记录提取出来的"分钟"值刻画),ε代表残差项。表3-2展示了群体层面的回归分析结果。从表3-2的结果可看出,在群体层面,用户登录核心学习模块累计记录数与距离上一个出现的整点的距离显著负相关($p < 0.01$);用户登录游戏化模块累计记录数与距离上一个出现整点的距离显著正相关($p < 0.05$)。上述结果表明,在群体分析层面,当时间越靠近整点时用户更倾向于开始使用核心学习模块,而在远离整点时用户更倾向于开始使用游戏化模块。

表 3-2　群体层面的回归分析结果

变　量	Using Core Learning Modules	Using Gamification Modules
Temporal Distance(minutes)	$-1.68^{***}(0.49)$	$0.80^{**}(0.35)$
F 值	11.89	5.16
R^2	0.17	0.08

注：** 表示在 0.05 的水平上显著；*** 表示在 0.01 的水平上显著。

在上述回归分析中，由于群体层面的分析不能很好地控制用户的个体特征，可能存在使用记录较多、具有特定使用模式的部分用户的行为特征及相应记录主导了回归分析结果。因此，为了控制用户不随时间变化的个体差异（如性别、年龄和使用习惯等）对分析结果的影响，进一步从个体层面对数据进行分析。具体的回归模型见式（3-3）和式（3-4）。

$$\text{Using Core Learning Modules}_i = \alpha_1 \cdot \text{Temporal Distance}_i + v_i + \varepsilon_i \qquad (3\text{-}3)$$

$$\text{Using Gamification Modules}_i = \alpha_1 \cdot \text{Temporal Distance}_i + v_i + \varepsilon_i \qquad (3\text{-}4)$$

在式（3-3）和式（3-4）中，i 代表用户，v 代表用户的固定效应，ε 代表残差项。在进行数据分析前，先对数据集进行初步处理，分别计算每位用户在每个时间点（0～59 分钟）登录核心学习模块（Using Core Learning Modules$_i$）或游戏化模块（Using Gamification Modules$_i$）的记录数，如果从未在某一时间点登录则记为 0，分别作为式（3-3）和式（3-4）中的因变量。根据表 3-3 所示的个体层面数据分析结果，整点的出现能激励用户开始使用核心学习模块（$p<0.01$）同时抑制用户开始使用游戏化模块（$p<0.01$），该结果与用户群体层面的分析结果一致，一致支持假设 1a 和假设 1b。

表 3-3　个体层面的回归分析结果[①]

变　量	Using Core Learning Modules	Using Gamification Modules
Temporal Distance(minutes)	$-0.000\,11^{***}(0.000\,03)$	$0.000\,05^{***}(0.000\,02)$
Fixed Effect	Yes	Yes
F 值	7.92	6.74
R^2	0.000 0	0.000 0

注：*** 表示在 0.01 的水平上显著。

此外，为了进一步探索用户在不同时间区间与游戏化学习系统不同模块（核心学习模块 vs. 游戏化模块）的互动特征，参考 Balasubramanian et al.（2018）的研究工作，本研究进一步从群体层面开展一系列回归分析。首先，通过式（3-5）分析整点对用户开始使用核心学习模块行为的影响。

$$y_{\text{core learning}} = \beta_1 M_{11-20} + \beta_2 M_{21-30} + \beta_3 M_{31-40} + \beta_4 M_{41-50} + \beta_5 M_{51-60} + \beta_6 M_{fk} + \varepsilon \qquad (3\text{-}5)$$

其中，$M_{fk}(k \in 1, 5, 10)$ 是代表每小时的前 1 分钟、前 5 分钟和前 10 分钟的二元变量（如果

---

① 表 3-3 以及附录 A 中表 A-1 和 A-2 展示的分析结果中，回归模型 R^2 值展示的是模型 within R^2，均为 0。这很可能是因为分析中控制了用户固定效应。通过访谈在线学习平台用户以及参与在线实验被试，可以发现整点是否影响用户行为与用户个人的时间管理行为高度相关。用户固定效应的引入解释了因变量的大部分变化，所以 Temporal Distance 或时间区间变量的影响系数较低，且 within R^2 接近 0。

观测时间点处于上述时间区间中,该变量取值为 1,否则为 0),M_{m-n} 是代表是否处于每小时第 $m\sim n$ 分钟的二元变量(如果是则取值为 1,否则取值为 0),ε 是残差项。因变量 $y_{\text{core learning}}$ 表示所有用户在每分钟累计登录核心学习模块的记录数。表 3-4 展示了相应的回归分析结果。

表 3-4 的结果能充分说明整点的出现与用户开始使用核心学习模块的关系,支持假设 1a。具体而言,在整点出现的时间区间(每小时的前 1 分钟、前 5 分钟和前 10 分钟),用户开始使用核心学习模块的倾向显著更高(表 3-4 第 1~3 行)。当对比代表整点(M_{f1})和第 51~60 分钟的结果(表 3-4 第 7 列)时,可以更清晰地显示整点带来的影响效果。该结果说明,用户在整点开始使用核心学习模块的记录数比每小时后 10 分钟中平均每分钟的开始使用该模块的记录数多 171.10 次。如果假设用户在 1 小时内的每分钟开始使用核心学习模块的次数相同,可以估计得到用户平均每分钟开始使用该模块的记录数为 3 434.22 次。因此,通过比较可以发现,相比于用户平均每分钟开始使用该模块的行为,整点会带来 4.98% 的开始使用核心学习模块行为的提升。

表 3-4　不同时间区间开始使用核心学习模块行为

变量	因变量 $= y_{\text{core learning}}$								
	(1)	(2)	(3)	(4)	(5)	(6)	(7)	(8)	(9)
M_{f1}							109.67*		
							(61.95)		
M_{f5}								111.40***	
								(35.06)	
M_{f10}	90.10***								72.40***
	(21.84)								(26.80)
M_{11-20}		31.78					−37.63	7.10	23.80
		(24.48)					(27.00)	(30.36)	(26.80)
M_{21-30}			−46.58*				−102.93***	−58.20*	−41.50
			(24.07)				(27.00)	(30.36)	(26.80)
M_{31-40}				−21.62			−82.13***	−37.40	−20.70
				(24.68)			(27.00)	(30.36)	(26.80)
M_{41-50}					−56.90**		−111.53***	−66.80**	−50.10*
					(23.69)		(27.00)	(30.36)	(26.80)
M_{51-60}						3.22	−61.43**	−16.70	
						(24.83)	(27.00)	(30.36)	
R^2	0.23	0.03	0.06	0.01	0.09	0.00	0.39	0.45	0.35

注:* 表示在 0.1 的水平上显著;** 表示在 0.05 的水平上显著;*** 表示在 0.01 的水平上显著。

沿用相同的分析思路,本研究通过式(3-6)分析整点的出现对用户开始使用游戏化模块行为的影响。

$$y_{\text{gamification}} = \gamma_1 M_{1-10} + \gamma_2 M_{11-20} + \gamma_3 M_{21-30} + \gamma_4 M_{31-40} + \gamma_5 M_{41-50} + \gamma_6 M_{lk} + \varepsilon \qquad (3-6)$$

其中，$M_{lk}(k \in 1,5,10)$ 是代表每小时的后 1 分钟、后 5 分钟和后 10 分钟的二元变量（如果观测时间点处于上述时间区间中，该变量取值为 1，否则为 0），M_{m-n} 是代表是否处于每小时第 $m \sim n$ 分钟的二元变量（如果是则取值为 1，否则取值为 0），ε 是残差项。因变量 $y_{\text{gamification}}$ 表示所有用户在每分钟累计登录游戏化模块的记录数。

表 3-5 展示了相应的回归结果。该结果能充分说明整点的出现与用户开始使用游戏化模块的关系，支持假设 1b。从表 3-5 的结果可以看出，用户在每小时快结束的时间点开始使用游戏化模块的记录更多（表 3-5 第 6 行和第 8 行）。当对比代表每小时最后 1 分钟（M_{l1}）和前 10 分钟（表 3-5 第 7 列）的结果时，可以更清晰地显示该影响效果。该结果说明，用户在最后 1 分钟开始使用游戏化模块的记录数比每小时前 10 分钟中平均每分钟的开始使用记录数多出 147.60 次。如果假设用户在 1 小时内的每分钟开始使用游戏化模块的次数相同，可以从历史数据中估计得到用户平均每分钟开始使用该模块的记录数为 1 750.22 次。因此，通过比较可以发现，相比于用户平均每分钟开始使用游戏化模块的行为，每小时的最后 1 分钟会带来 8.43% 的开始使用游戏化模块行为的提升。

表 3-5 不同时间区间开始使用游戏化模块行为

变量	因变量 = $y_{\text{gamification}}$								
	(1)	(2)	(3)	(4)	(5)	(6)	(7)	(8)	(9)
M_{1-10}	−24.98						−46.82**	−48.80**	
	(16.67)						(18.53)	(23.15)	
M_{11-20}		24.58					−5.52	−7.50	41.30**
		(16.69)					(18.53)	(23.15)	(18.79)
M_{21-30}			−16.46				−39.72**	−41.70*	7.10
			(16.86)				(18.53)	(23.15)	(18.79)
M_{31-40}				−49.58***			−67.32***	−69.30***	−20.50
				(15.70)			(18.53)	(23.15)	(18.79)
M_{41-50}					23.14		−6.72	−8.70	40.10**
					(16.72)		(18.53)	(23.15)	(18.79)
M_{l10}						43.30***			50.90***
						16.20			18.79
M_{l5}								(16.20)	
								(26.74)	
M_{l1}							100.78**		
							(42.52)		
R^2	0.04	0.04	0.02	0.15	0.03	0.11	0.38	0.32	0.32

注：* 表示在 0.1 的水平上显著；** 表示在 0.05 的水平上显著；*** 表示在 0.01 的水平上显著。

在此基础上，本研究还根据式(3-5)和式(3-6)进行了个体层面的固定效应分析，得到了与群体层面分析一致的结果（具体结果见附录 A 的表 A-1 和 A-2）。

3.3.3　整点对工具型结果的影响

提升使用学习软件时的工具型结果(如学习效果)是用户使用游戏化信息系统的最重要目标。在本研究情境中,可以通过用户在观测期间累计学习的单词数来测量用户使用游戏化学习系统的工具型结果。在本小节,研究将基于式(3-7)分析用户在整点开始使用核心学习模块是否以及如何影响工具型结果。

$$P_i = \gamma_1 \mathrm{RL}_i^k + \gamma_2 D_i + \gamma_3 L_i + \gamma_4 C_i + \gamma_5 C_i^2 + \varepsilon_i \tag{3-7}$$

其中 $\mathrm{RL}_i^k = \dfrac{用户\,i\,在前\,k\,分钟开始使用核心学习模块的次数}{用户\,i\,使用核心学习模块的总记录数}$,是分析关注的主要自变量。

RL_i^k 表示用户 i 在某小时的前 k 分钟(前 1 分钟、前 5 分钟和前 10 分钟)开始使用核心学习模块的比例。回归模型中包括 4 个控制变量,其中 D_i 表示用户 i 在观测期间使用游戏化单词学习应用的天数,L_i 表示用户 i 在此期间使用核心学习模块的次数,C_i 表示用户 i 使用游戏化模块的次数,P_i 表示用户 i 观测期间学习的单词数。ε_i 表示残差项。具体回归分析结果见表 3-6。

表 3-6　整点开始使用核心学习模块与工具型结果

变　量	因变量 $=P_i$		
	(1)	(2)	(3)
D_i	21.31***	21.34***	21.36***
	(0.18)	(0.18)	(0.18)
L_i	0.47***	0.47***	0.47***
	(0.03)	(0.03)	(0.03)
C_i	1.57***	1.62***	1.64***
	(0.21)	(0.21)	(0.21)
C_i^2	−0.004***	−0.004***	−0.004***
	(0.001)	(0.001)	(0.001)
RL_i^1	32.70***		
	(5.42)		
RL_i^5		25.68***	
		(4.89)	
RL_i^{10}			22.86***
			(4.45)
Observations	15 011	15 011	15 011
F 值	2 689.31	2 686.245	2 685.75
R^2	0.518	0.518	0.518

注:*** 表示在 0.01 的水平上显著。

本研究在假设 2b 提出,相比于在其他时间点开始使用核心学习模块,用户在整点开始使用核心学习模块的学习效果更好。与本研究提出的假设一致,表 3-6 的结果显示,RL_i^1,RL_i^5 和 RL_i^{10} 的回归系数都为正且显著($p<0.01$),说明在控制用户使用核心学习模块和游戏化模块次数的情况下,用户在整点以及包含整点的每小时前 5 分钟、前 10 分钟时间区间开始使用核心学习模块的比例越高,用户在观测期间累计学习的单词数越多,结果支持假设 2b。与此同时,本研究分析了 C_i^2(用户使用游戏化模块次数的平方项)与其取得工具型结果的关系。分析结果显示,使用游戏化模块的次数与工具型结果呈倒 U 型关系。这也说明,当用户使用游戏化模块的次数低于某个阈值时,对游戏化模块的使用与工具型结果呈正相关关系。但是,当用户使用游戏化模块的次数高于该阈值,对游戏化模块的使用与工具型结果呈负相关关系。该结果也与本研究的基本观点一致,即用户需要控制对游戏化模块的过度使用。

取自游戏化单词学习应用客观数据的分析结果初步验证了整点这类时间线索对用户开始使用不同功能模块及使用结果的影响。但是,上述潜在影响机制以及相关影响存在的边界条件尚不明确。此外,3.3.3 小节的分析结果也存在内生性的问题,即可能存在研究无法直接观测的变量,同时影响用户使用不同功能模块的行为和工具型结果。为了排除这种解释,本研究进一步通过实验室实验和实地实验,对整点的出现进行操纵,以分析整点作为外在线索对用户的不同功能模块使用行为和使用结果的影响。

3.4　实验室实验验证整点效应

本节将在客观数据分析的基础上,通过实验室实验来解决数据分析结果中可能存在的内生性问题。借助实验室实验,研究操纵被试开始学习任务的时间点,分析整点相比于其他时间点对被试在学习任务上的坚持行为和学习效果的影响。与此同时,思维模式相关的研究发现,当人们的执行式思维模式被激活时,他们在认知和行为上会表现出不同的特征(Gollwitzer,1990;Zhao et al.,2012)。处于执行式思维模式的人能够回忆出更多的执行相关信息,且能够在任务中坚持更长的时间(Brandstatter et al.,2002)。基于相关文献,本研究希望对整点产生影响的内在机制进行初步探索,验证整点这类时间线索在用户使用核心学习模块/完成学习任务时会激活用户的执行式思维模式,该思维模式进一步支持用户在学习任务中坚持更长的时间以及取得更好的学习效果。

3.4.1　实验设计

本研究设计了一个单因素、两个水平组(任务开始时间:整点 vs. 其他时间点)的组间实验,从中国某综合型大学招募 70 名在校学生参与实验。实验平均持续 30 分钟,每名学生按要求完成实验任务后获得 30 元人民币的实验报酬。在实验过程中,被试被随机分配到其中一个实验组(整点组 vs. 其他时间点组)完成英语单词学习任务。在实验开始前,研究人员参考与本研究开展合作的游戏化单词学习应用的核心学习模块设计该学习任务,即用户在学习任务中逐次学习英语单词的拼写、发音、常用词组以及相关例句。为了避免不同被试之间相互影响,每次实验仅一名被试到实验室完成实验任务。特别地,实验助理通知被分配到整点组的被试在某个整点前 20 分钟,即 8:40 am,9:40 am,10:40 am,1:40 pm,2:40 pm,3:40 pm,4:40 pm,6:40 pm,7:40 pm 或 8:40 pm 到达实验室,而被分配到随机时间点组的被试则被通知在某个整点前 10 分钟到达实验室,即 8:50 am,9:50 am,10:50 am,1:50 pm,2:50 pm,3:50 pm,4:50 pm,6:50 pm,7:50 pm 或 8:50 pm。① 在实验过程中,所有的时间线索都被提前移除,包括实验室的时钟和实验计算机屏幕显示的时间。被试携带的手机和手表也被要求在实验前存储到实验室外的储物柜内。

当被试到达实验室后,实验助理会告诉被试本实验包括两个阶段,实验的目的是测试一个新开发的在线学习系统。在实验的第一阶段,被试需要完成基础词汇量的测试。在测试过程中,每位被试依次为 30 个英语单词匹配正确的中文意思。这些英语单词是随机从 TOEFL(The Test of English as a Foreign Language)②词汇书中挑选出来的。完成词汇量测试后,每位被试需要进行短暂的休息,可以在休息过程中观看一本画册。实验助理会在休息期间设置第二阶段的实验,并决定什么时候告诉被试正式开始第二阶段的实验任务。

在 5 分钟的休息后(所有被试休息相同的时间,只有实验助理知道准确的休息时长),实验助理宣布可以开始第二阶段实验。实验助理告知被试,他/她需要学习从 TOEFL 单词书中随机挑选的单词(所有被试学习的单词列表相同)。学习多少个单词或者学习多长时间由被试自己决定。在开始学习单词前,实验助理特意看一眼手表并告知被试现在的时间点来操纵开始的时间。特别地,在整点组的被试被告知"现在是 9:00 am(或者 10:00 am,11:00 am,2:00 pm,3:00 pm,4:00 pm,5:00 pm,7:00 pm,8:00 pm,9:00 pm),请开始学习任务"。③ 对其他时间点组的被试,告知"现在是 9:06/9:08 am(或者 10:06/10:08 am,11:06/11:08 am,2:06/2:08 pm,3:06/3:08 pm,4:06/4:08 pm,5:06/5:08 pm,7:06/7:08 pm,8:06/8:08 pm,9:06/9:08 pm),请开始学习任务"。告知被试是某整点之后 6 分钟还是 8 分钟,由实验助理随机决定。对不同实验组,实验助理告知的具体时间点会在计算机屏幕上显示 5 秒钟。被试学习的具体内容包括:单词的中文含义,如何拼写和使用该单词。此外,对每个单词,实验网页还列举了两个包含该单词的句子来帮助用户学习该单词的用法。为了保证被试认真地学习每个单词,被试学习完每个单词后,系统会给出一道测试题。在该测试题中,被试会看到一个包含该新学单词的句子以及 4 个图片选项,他/她需要选出与句子含义最相符的图片。最后,被试自主决定什么时候停止学习任务并回忆第二阶段学习任务开始的时间点。实验具体流程如图 3-3 所示。

---

① 在本实验中,研究仅考虑北京时间上午 9:00 到上午 11:59、下午 2:00 到下午 5:59,以及晚上 7:00 到晚上 9:59 的时间段。在被试午餐及晚餐期间不安排实验。该实验设计允许研究人员探究白天时间不同整点带来的影响。另外,在正式实验开始前,通过预实验,研究人员发现被试一般花费 15 分钟完成正式实验操纵(包括实验介绍、英语词汇量测试和简短的休息)。为了让研究的操纵更加可信,因此通知被分配到"整点组"的被试在整点前 20 分钟到达实验室开始实验,通知被分配到"其他时间点组"的被试在相应整点前 10 分钟到达实验室。在"其他时间点组"的被试被随机操纵为在整点后 6 分钟或 8 分钟开始实验。由于实验室实验操纵可行性的限制,本实验仅考虑两个其他时间点,在本研究的下一实验将考虑更多的其他时间点。

② https://www.ets.org/toefl。研究中之所以选择 TOEFL 词汇供被试学习,是因为这类词汇相对较难,能有效提高被试的学习参与度,避免被试已经学过相应单词,认为任务过于简单而快速结束实验任务。

③ 虽然告知被试在某个整点开始第二阶段实验任务,实际的时间点可能并不是刚好处于告知的时间点上。

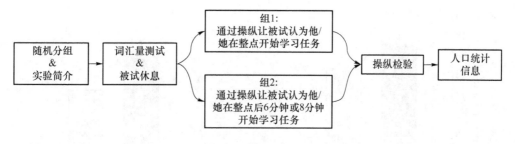

图 3-3　实验室实验流程

3.4.2　实验结果及讨论

由于两名分配到其他时间点组的被试没能成功回忆出第二阶段任务开始的准确时间点,研究人员将其从分析样本中剔除。因此,本研究获得了 68 名被试的数据用于分析,其中整点开始学习任务组 35 人,随机时间点开始学习任务组 33 人。首先,比较两组被试在实验第一阶段词汇量测试的成绩(正确率)。分析结果显示,两组被试的回答正确率不存在显著差异(78.38% vs. 81.82%,$p=0.31$)。本研究进一步分析了两组被试回答第二阶段测试题的正确率(96.30% vs. 95.78%),结果显示不同组别被试第二阶段的测试表现也不存在显著差异($p=0.80$)。此外,被试的平均年龄(22.23 vs. 21.94,$p=0.70$)和两组被试中女性被试的比例(57.14% vs. 75.76%,$p=0.11$)都不存在显著差异。

表 3-7 展示了实验室实验的具体结果。从表 3-7 的结果可以看出,与研究假设 2a 和假设 2b 的预测一致,被操纵为在整点开始学习任务的被试平均每人持续 17.46 分钟(SD=6.51),而被操纵在其他时间点组开始学习任务的被试平均坚持 14.82 分钟(SD=6.27),整点组被试在实验任务中坚持的时间显著更长($p<0.05$)。同时,被操纵在整点开始学习任务的被试平均学习单词量达到 36.40 个(SD=19.20),比其他时间点组被试平均学习单词量 28.15(SD=12.80)显著更多($p=0.022$)。分析结果支持假设 2a 和假设 2b。图 3-4 进一步通过条形图对比展示了每个实验组的被试的学习任务持续时长和学习单词数,从图中可以明显看出整点开始学习任务的被试比其他时间点开始学习任务的被试在学习任务持续时长和学习单词数上的差异。

表 3-7　实验室实验结果

实验分组	学习任务持续时长/分钟	学习单词数/个
整点开始学习任务($N=35$)	17.46(6.51)	36.40(19.20)
其他时间点开始学习任务($N=33$)	14.82(6.27)	28.15(12.80)
T 检验的 p 值	0.049	0.022

上述实验室实验的结果表明,自然出现的整点,当被操纵为外部线索时,能够显著影响用户的学习行为和学习效果。参考思维模式相关的研究发现,处于执行式思维模式的用户能在任务中坚持更长时间(Gollwitzer,1990;Zhao et al.,2012)。因此,本实验的结果也侧面表明整点能够触发用户的执行式思维模式并激励用户在学习任务中坚持更久,取得更好的学习效果。

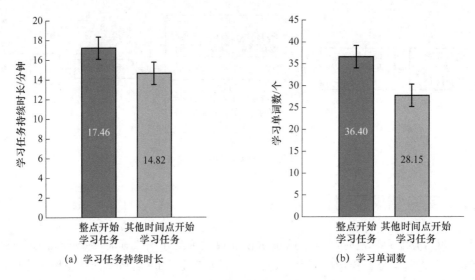

图 3-4　实验室实验结果条形图对比

3.5　实地实验验证整点效应

在 3.4 节介绍的实验室实验分析了人工操纵出现的整点（相比于其他时间点）对被试完成学习任务（参考核心学习模块的功能进行设计）持续时间和学习效果的影响，但没有考虑这类时间线索如何影响用户对游戏化模块的使用。此外，受实验室实验的限制，实验中仅考虑两个随机的时间点，即整点后 6 分钟或 8 分钟。作为补充，本研究进一步与游戏化单词学习应用合作，通过开展实地实验来考虑更多的随机时间点并同时探索整点这类时间线索如何影响用户对游戏化学习平台中核心学习模块和游戏化模块的使用。实地实验还有助于提高研究的外部效度。本实地实验共包括两个部分，分别分析整点对用户使用核心学习模块和游戏化模块的影响。实验结果表明，相比于在其他时间点，整点能够提高用户使用核心学习模块的持续时间并导致用户使用游戏化模块的愉悦感降低。

3.5.1　实验设计

在实地实验中，研究人员与 3.3 节用户行为数据分析部分提到的游戏化单词学习应用合作，从中国多所综合型公立大学招募从未使用过该应用且最近一个月没有英语学习计划的在校大学生参与该实验，完成相应的实验任务，设置该限制条件主要为了避免用户个人的使用经验和学习目标影响实验结果。按要求完成实验后，每位被试可获得 30 元人民币的实验报酬。该实验共包括两个组成部分，即 A 部分实地实验和 B 部分实地实验。参与 A 部分实地实验的被试被分配使用核心学习模块，参与 B 部分实地实验的被试被分配使用游戏化模块。两部分实验均采用单因素、两水平组（任务开始时间：整点 vs. 其他时间点）组间实验设计。不同部分实验组的被试需要完成的任务在表 3-8 中被列出。例如，在 A 部分实地实验中，如果被试被分配到整点组，他/她的实验任务是在指定某天的晚上 9 点整开始使用核心学习模块,学习的时间长度由被试自行决定(但不能少于 5 分钟)。

表 3-8　实地实验中的实验任务设计

实验组		实验任务
A 部分实地实验	整点组	被试从晚上 9 点整开始使用核心学习模块。被试可以自由决定使用多长时间(不少于 5 分钟)
	其他时间点组	被试在晚上 8:35—8:50 期间或者 9:10—9:25 期间的某一时间点(具体时间点由实验助理随机指定)开始使用核心学习模块。被试可以自由决定使用多长时间(不少于 5 分钟)
B 部分实地实验	整点组	被试从晚上 9 点整开始使用游戏化模块。被试可以自由决定使用多长时间(不少于 5 分钟)
	其他时间点组	被试在晚上 8:35—8:50 期间或者 9:10—9:25 期间的某一时间点(具体时间点由实验助理随机指定)开始使用游戏化模块。被试可以自由决定使用多长时间(不少于 5 分钟)

　　实验正式开始前的一周,实验助理通过社交媒体或邮件发布被试招募信息。被试通过具体的链接在网页上报名参与实验。被试选择可以参与实验的具体时间段(从周一到周五晚上 8:30—9:30 的时间段中任选一个时间段)。报名成功后,实验助理通过邮件向被试发送实验指导材料。被试可以根据材料下载该游戏化单词学习应用。同时,被试还需要根据指导材料设定具体的单词学习辞书(大学英语六级词汇),熟悉核心学习模块和游戏化模块。指导材料中在对不同功能模块进行介绍时也告诉被试,他们可以通过对核心学习模块的持续学习来提升英语水平,最终实现某个特定的英语单词学习目标;他们也可以从游戏化模块的使用中通过与 AI 对手比赛获得乐趣。

　　对报名符合条件的被试(年龄达到 18 周岁,从未使用过该单词学习应用,按要求下载并体验该单词学习应用),实验助理在实验前首先将被试随机分配到 A 部分实地实验或 B 部分实地实验,再将各个部分的被试随机分到其中一个实验组(整点组 vs. 其他时间点组)。在被试开始实验任务的前一天,实验助理通过邮件向每位被试解释实验中需要完成的具体任务。邮件还强调,被试需要严格按照邮件中指定的任务开始时间和最少持续时间来完成任务。任务完成后,被试通过链接完成一个简单的在线调查,该调查主要用来收集被试性别和年龄段等人口统计信息。

　　A 部分实地实验与 B 部分实地实验的主要差别是被试在实验中使用的功能模块不同(分配到 A 部分实验的被试使用核心学习模块,分配到 B 部分实地实验的被试使用游戏化模块)。此外,在 B 部分实地实验结束后的在线调查中,被试还需要报告其使用游戏化模块的感知愉悦性。本研究参考 Agarwal et al. (2000)的工作,结合实验场景设计了测量被试使用游戏化模块感知愉悦性的量表(a. 我在使用游戏化模块时感到快乐;b. 我喜欢使用游戏化模块)。在进行问卷调查时,借助 7 分李克特量表测量用户的感知。实验结束后,研究人员从该游戏化单词学习应用的后台提取不同被试登录、使用和退出不同功能模块的时间记录。

3.5.2　实验结果及讨论

　　本研究首先通过一系列组间 T 检验或者比例检验(proportion-test)来判断不同实验组

被试的人口统计信息是否存在显著差异(结果见表 3-9)。检验结果显示,A 部分实地实验和 B 部分实地实验中 4 组被试两两组别对比,在年龄和性别上不存在显著差异。

在 A 部分实地实验中,研究共招募到 59 名被试,其中 36 名被试(整点组 21 名被试,其他时间点组 15 名被试)严格按照实验要求完成了实验任务,即在要求的时间点开始实验任务,完成任务持续时间长于 5 分钟。通过比较两组被试学习的持续时间可以看出整点(相比于其他时间点)对用户使用核心学习模块的影响。从表 3-10 的结果(A 部分实地实验)可以看出,相比于在其他时间点($M = 7.17$,$SD = 3.12$)开始使用核心学习模块的被试,被分配到整点组($M = 11.73$,$SD = 6.51$)开始使用核心学习模块的被试在实验中可坚持更长的时间($p < 0.05$)。该分析结果与上一实验室实验的结果一致,支持研究假设 2a。

在 B 部分实地实验中,研究招募到 58 名被试,其中 50 名被试(整点组 27 名被试,其他时间点组 23 名被试)严格按照实验要求完成了实验任务,即在要求的时间点开始实验任务,完成任务持续时间长于 5 分钟。对比实验中两组被试使用游戏化模块的感知愉悦性,可以发现整点(相比于其他时间点)对被试使用游戏化模块的影响。分析发现测量感知愉悦性的量表的 Cronbach's alpha 得分为 0.92,说明量表的可靠性良好。从表 3-10 展示的结果(B 部分实地实验)可以看出,被试使用游戏化模块的时间长度不存在显著差异($p > 0.1$)。比较有意思的发现是,相比于在其他时间点($M = 5.52$,$SD = 1.39$)开始使用游戏化模块的被试,在整点($M = 4.85$,$SD = 1.57$)开始使用游戏化模块的被试感知愉悦性显著更低($p = 0.075$),分析结果支持假设 3。

表 3-9 实地实验被试人口统计信息随机化检验

实验组	性别(比例检验 p 值)	年龄(T 检验 p 值)
整点使用核心学习模块 vs. 整点使用游戏化模块	0.58	0.54
整点使用核心学习模块 vs. 其他时间点使用核心学习模块	0.74	0.56
整点使用核心学习模块 vs. 其他时间点使用游戏化模块	0.99	0.60
整点使用游戏化模块 vs. 其他时间点使用核心学习模块	0.89	0.25
整点使用游戏化模块 vs. 其他时间点使用游戏化模块	0.59	0.94
其他时间点使用核心学习模块 vs. 其他时间点使用游戏化模块	0.74	0.29

表 3-10 实地实验数据分析结果

实地实验		被试数量	使用核心学习模块持续时长/分钟	感知愉悦性
A 部分实地实验	整点使用核心学习模块	21	11.73(6.51)	
	其他时间点使用核心学习模块	15	7.17(3.12)	
	T 检验 p 值	—	<0.05	
B 部分实地实验	整点使用游戏化模块	27	7.53(3.59)	4.85(1.57)
	其他时间点使用游戏化模块	23	7.40(3.86)	5.52(1.13)
	T 检验 p 值	—	0.890	0.075

为了更好地展示实验结果,图 3-5 以可视化的方式分别展示了用户在整点相比于其他时间点开始使用核心学习模块的持续时长〔图 3-5(a)〕,使用游戏化模块的持续时长〔图 3-5(b)〕和感知愉悦性〔图 3-5(c)〕。

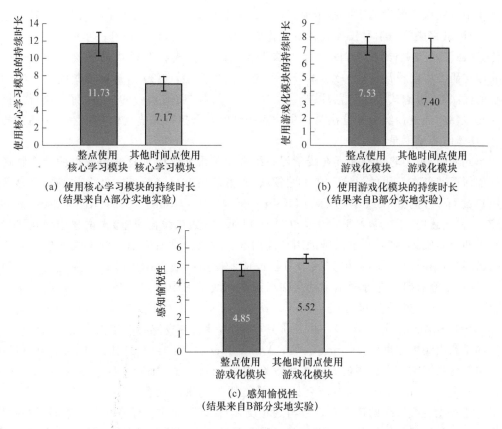

(a) 使用核心学习模块的持续时长
（结果来自A部分实地实验）

(b) 使用游戏化模块的持续时长
（结果来自B部分实地实验）

(c) 感知愉悦性
（结果来自B部分实地实验）

图 3-5 实地实验结果

从完成实验任务的人数可以注意到，被分配到 A 部分实地实验的被试中完成实验任务的比例小于被分配到 B 部分实验的被试。该结果表明，相比于让被试完成使用游戏化模块相关的实验任务，激励被试完成使用核心学习模块相关的任务更加困难。此外，相比于被分配到其他时间点开始使用核心学习模块的被试，被分配到整点使用核心学习模块的被试完成实验任务的比例也更高。一个可能的原因是，被试可能更容易记住整点开始的任务，但这并不会影响不同组别被试完成任务的持续时长。另一个可能的原因是，整点更容易激励被试开始完成学习任务，这也与本研究中假设 1a 的预测一致。

3.6 内在机制及边界条件探索

在上述客观数据分析、实验室实验和实地实验的基础上，本章研究希望进一步设计在线实验，直接验证整点效应的内在机制，并探索整点效应存在的边界条件。通过本节介绍的在线实验，本研究将直接验证整点对用户思维模式的触发作用，也探索在线学习系统中典型的IT 设计——社会临场感（social presence）增强设计对整点效应的调节作用。根据 Gollwitzer et al.（1990）的研究，在执行式思维模式被触发的情况下，人们更倾向于记住执行相关信息（如如何行动）；在考虑式思维模式被触发的情况下，人们更倾向于记住决策权衡相关信息（如是否采取行动的原因）。根据现有文献，本研究进一步设计一个回忆任务来验证实验中时间线索触发的不同思维模式(Chandran et al.，2005；Dhar et al.，2007)。具体而言,当被试完成单词学习任务或者游戏化模块使用任务后,他们被进一步要求完成一个回忆任务,回忆实验中看到的与网上课程购买相关的执行式和考虑式描述。与 Dhar et al. (2007)在研究中的设计保持一致,本研究首先开展预实验,向 20 名被试征集购买在线学习课程的优缺点(考虑式描述信息)以及购买在线学习课程后需要做的准备工作(执行式描述信息)。最终,通过预实验筛选出被试最频繁提到的六条执行式描述信息和六条考虑式描述信息(具体内容见附录 A)。

与此同时,本实验也将探索在线学习系统常用于帮助学生强化学习效果的社会临场感设计如何调节整点效用的影响。在不同领域,丰富的研究已经验证了社会临场感会显著影响用户的行为,例如在线学习行为(Kehrwald，2008；Cobb，2009；Richardson et al.，2017)。在实践中,不少学习平台也尝试通过 IT 设计(如在线自习室)来增强用户在线学习过程中的社会临场感感知,进而帮助用户提高学习效果。本研究引入社会临场感这一构念来衡量用户在在线学习场景中完成学习任务或者使用游戏化模块时感受到他人存在的程度。目前,已经有研究充分探索了社会临场感在在线学习中对用户参与、在线合作、学习满意度以及学习效果的直接影响(Gunawardena et al.，1997；Cobb，2009；Zhan et al.，2013；Richardson et al.，2017)。相关研究均表明,社会临场感有助于提高用户的活动参与程度和注意力集中程度(Picciano，2002；Animesh et al.，2011)。同时,社会临场感也可能作为调节变量影响不同因素的直接作用效果(Bruning et al.，1968；Huguet et al.，1999)。例如,Bruning et al.(1968)通过研究证实,增强线下场景的社会临场感会显著提高被试面对实验任务无关线索时的任务表现。与之相反,当被试面对实验任务相关线索时,增强线下场景的社会临场感的被试任务表现更差。任务无关的线索会干扰用户完成实验任务,而任务相关线索有助于帮助用户以更高的质量完成实验任务。社会临场感的增强使得用户将注意力集中到实验任务,从而忽略外在线索(Bruning et al.，1968)。进一步,Huguet et al. (1999)发现,无法直接看见的观众带来的临场感的增加也会使得被试在完成 Stroop 任务时更加集中注意力。根据 Muller et al.(2007)的研究,社会临场感会让人们的自我评价受到潜在威胁,即产生对达到某些标准或实现特定目标的担心,这会增加人们认知系统的负荷,从而导致人们的注意力范围变窄,减少对外在线索的利用(Bruning et al.，1968；Muller et al.，2004；2007)。因此,在独立完成任务的场景中,人们更可能关注外界线索并受到这些线索的影响;而可见或不可见的他人关注带来的社会临场感会使得人们更加关注任务本身,忽略外在线索的影响。这些发现都表明,较高的社会临场感会降低人们对外在线索的关注以及这类线索对用户的影响。因此,在本研究场景中,社会临场感可能会降低整点这类时间线索对用户执行式思维模式和学习行为以及学习效果的影响。

3.6.1　在线实验设计

与本章研究中实地实验的设计一致,本节介绍的在线实验包含两部分:A 部分实验,验证学习任务开始时间(整点 vs. 其他时间点)如何影响被试的思维模式以及学习行为和学习结果;B 部分实验,分析被试开始实验游戏化模块的时间点带来的影响。

来自中国多所公立大学的在校学生被邀请参与本次在线实验。每位按照要求完成实验任务的被试可获得 40 元人民币作为报酬。最终,有 169 位被试按要求完成了 A 部分实验任务(完成学习单词任务),有 137 位被试按要求完成了 B 部分实验任务(使用游戏化学习模块)。A 部分实验和 B 部分实验均采用双因子、两水平的组间实验设计(任务开始时间×社会临场感)。在实验开始时,首先进行任务开始时间点的操纵,整点组的被试被要求在上午 11:00 开始实验任务,而其他时间点组的被试被要求在 11:08 开始实验任务。每位被试首先按照实验助理的引导完成单词学习任务或游戏化模块使用任务。与之前的实验设计一致,被试可以自由决定实验任务的持续时间。在此之后,他们被邀请完成回忆任务。在第一个试验任务完成过程中,本研究还借助 Zoom 软件的分组讨论功能完成对社会临场感的操纵。其中,被分配到高社会临场感组的被试被要求和同组被试一起在一个 Zoom 在线讨论间完成实验任务,同一组被试可以相互看到其他被试是否在线(正在完成实验任务);而被分配到低社会临场感的被试被要求每人独立在一个 Zoom 讨论间完成实验任务,同一组被试不可以相互看到其他被试是否在线。实验助理要求所有被试在实验过程中关闭摄像头,保持在线,但不能相互讨论。

图 3-6 展示了本实验的具体流程。首先,实验助理邀请被分配到某实验组的被试远程加入 Zoom 在线会议并介绍实验中需要完成的任务,即单词学习或使用游戏化模块以及回忆任务。在此之后,实验助理将在 Qualtrics 上制作的实验网页的链接通过聊天框分享给各位被试。实验助理同时告诉被试,他们可以先打开实验网页,但不能开始实验任务。与此同时,实验助理按照设计,将被试分配到 Zoom 讨论组(高社会临场感组别的被试在同一个讨论组,但不能相互讨论;低社会临场感组别的被试每人单独在一个讨论组),并请被试在实验期间保持不退出讨论组。在实验操纵的时间点前 1 分钟,实验助理会在讨论组以公告的方式将 4 位数的实验代码发给各位被试。[①] 一旦被试将实验代码输入网页,被操纵的时间点讲话在实验网页展示 5 秒钟,被试随后完成第一个实验任务。

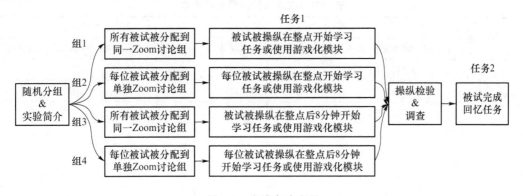

图 3-6　在线实验流程

参与 A 部分实验的被试自由决定在实验网页学习单词的时间,而参与 B 部分实验的被试自由决定使用游戏化模块的时间。在完成第一个实验任务后,被试需要回答他/她在什么时间点开始实验任务,他/她是和其他人在同一讨论组还是自己在单独的讨论组完成任务。本研究根据被试对上述问题的回答结果进行操纵检验,随后,测度被试感知到的社会临场感

①　本研究通过实验代码的设计保证被试严格根据实验指引在规定时间点开始实验任务。实验助理同时通过 Qualtrics.com 上的时间记录来确认被试是否在规定时间点开始实验任务。

(Gefen et al.，2004)、自我效能(Fujita et al.，2007)和任务承诺(Fujita et al.，2007)。[①] 完成 B 部分实验的被试同时报告他们在实验过程中的心流体验(Qiu et al.，2005)。完成用户调查后,参考 Dhar et al.(2007)的研究,所有被试需要阅读 12 条与网课购买相关的陈述(6 条考虑式陈述和 6 条执行式陈述),具体内容见附录 A。在逐次阅读相应内容后,被试尽可能多地回忆并写出他们之前看到的陈述内容。

3.6.2　在线实验结果

A 部分实验最终获得 125 份有效回答用于数据分析(在实验招募的 169 位被试中,有 25 位被试因为不能打开实验网页、中途断开与 Zoom 讨论组的连接等技术问题被剔除,有 19 位被试因为没能正确回答操纵检验问题被剔除)。根据有效样本的数据分析发现,社会临场感的 Cronbach's alpha 系数为 0.87。高、低社会临场感组被试对社会临场感的感知存在显著差别($M=2.842$ vs. $M=2.141$，$p=0.004$),说明实验操纵成功。

表 3-11 展示了在线实验分组统计结果。如表 3-11 前 4 列所示,在低社会临场感场景完成单词学习任务时,在整点开始学习任务的被试平均成功回忆 2.382 条执行式描述($SD=1.349$),而在其他时间点开始学习任务的被试平均成功回忆 1.531 条执行式描述($SD=1.319$),两组被试对执行式描述信息的回复数量存在显著差异($p=0.044$)。该结果说明整点能触发被试的执行式思维模式。同时,与客观数据分析以及实验室实验的结果一致,整点组的用户在单词学习任务中显著地能够坚持更长的时间($M=14.755$ vs. $M=8.556$，$p=0.001$),取得更好的学习效果($M=19.324$ vs. $M=11.438$，$p=0.014$)。然而,在高社会临场感的场景中,两组被试(整点组 vs. 其他时间点组)对执行式、考虑式描述的回忆($p>0.1$)、学习持续时间($p>0.1$)和学习效果($p>0.1$)均没有显著差异。

表 3-11　在线实验分组统计结果

分　组		A 部分实验结果				B 部分实验结果			
		执行式描述	考虑式描述	持续时长	学习效果	执行式描述	考虑式描述	持续时长	心流体验
低社会临场感	整点组	2.382	2.971	14.755	19.324	1.482	3.000	8.141	5.259
		(1.349)	(1.141)	(6.989)	(14.677)	(1.451)	(1.515)	(3.410)	(1.057)
	其他时间点组	1.531	3.156	8.556	11.438	1.643	2.357	8.623	6.018
		(1.319)	(1.273)	(4.585)	(7.560)	(1.545)	(1.521)	(3.125)	(0.940)
高社会临场感	整点组	2.207	2.724	14.524	19.414	1.333	2.367	8.550	5.542
		(1.590)	(1.461)	(8.237)	(12.813)	(1.093)	(1.299)	(3.260)	(0.841)
	其他时间点组	2.200	2.867	15.870	20.433	1.444	2.444	8.535	5.704
		(1.540)	(1.432)	(9.701)	(14.968)	(1.220)	(1.251)	(3.173)	(0.647)

[①] 参考 Fujita et al.(2007)的研究,本实验希望对目标相关的变量进行控制。具体而言,本研究借助自我效能(self-efficacy)控制被试对任务可行性的感知,同时考虑用户在实验中的目标实现倾向,并借助任务承诺(task commitment)相关量表来测度。问卷具体测度项见附录 A。此外,本研究还设计了问题——参与本实验您的主要收获是什么? 1=实验报酬,7=学习新单词(或者享受游戏化体验)。最终,来自 A 部分实验和 B 部分实验的被试的回答表明被试在实验过程中并不仅仅关注实验报酬。

进一步地,方差分析结果(见表 3-12)显示,整点与社会临场感的交互项对执行式描述回忆数量($p=0.078$)、学习持续时间($p=0.009$)和学习效果($p=0.032$)的影响系数显著。本研究还借助 SPSS Process 模型分析了执行式思维模式对整点效应的中介作用。分析结果显示,在低社会临场感的场景中,执行式思维模式的中介效应显著;而在高社会临场感的场景中,执行式思维模式的中介效应不显著。

表 3-12 在线实验方差分析结果

变　量	A 部分实验结果				B 部分实验结果			
	执行式描述	考虑式描述	持续时间	学习效果	执行式描述	考虑式描述	持续时间	心流体验
整点	0.149	0.486	0.073	0.261	0.433	0.334	0.657	0.031
社会临场感	0.209	0.259	0.009	0.036	0.416	0.134	0.453	0.766
整点·社会临场感	0.078	0.945	0.009	0.032	0.805	0.168	0.662	0.149
自我效能	0.915	0.243	0.730	0.206	0.604	0.682	0.978	0.003
任务承诺	0.218	0.292	0.759	0.202	0.572	0.573	0.597	0.070
年龄	0.570	0.710	0.472	0.131	0.174	0.553	0.896	0.120
性别	0.823	0.036	0.973	0.633	0.322	0.025	0.402	0.906
教育背景	0.028	0.187	0.562	0.160	0.526	0.537	0.070	0.023

注:表格中的数值为方差分析 p 值。

在 B 部分实验中,本研究共获得 114 个有效样本数据用于研究分析(在实验招募的 137 位被试中,有 9 位被试因为不能打开实验网页、中途断开与 Zoom 讨论组的连接等技术问题被剔除,有 14 位被试因为没能正确回答操纵检验问题被剔除)。针对有效样本的分析发现,社会临场感和心流体验两个变量的 Cronbach's alpha 系数分别为 0.89 和 0.80。高、低社会临场感组被试对社会临场感的感知存在显著差别($M=3.287$ vs. $M=2.363$,$p=0.001$),说明实验操纵成功。

根据表 3-11(后 4 列)的分组描述统计结果,在低社会临场感的场景中,在整点开始使用游戏化模块的被试对考虑式描述的回忆数量显著低于其他时间点组被试的回忆数量($M=3.000$ vs. $M=2.357$,$p=0.089$)。同时,整点组被试在使用游戏化模块过程中对心流体验的感知也显著更低($M=5.259$ vs. $M=6.018$,$p=0.002$)。两组被试对执行式描述的平均回忆数量($p>0.1$)和使用持续时间($p>0.1$)均不存在显著差异。然而,根据表 3-12 的方差分析结果,整点与社会临场感交互项对各个结果变量的影响系数均不显著,表明在使用游戏化模块时社会临场感对整点效应的调节作用并不显著。

3.7　结果讨论

3.7.1　主要发现

智能技术逐渐被用于支持在线学习系统中的游戏化设计。将游戏化模块引入在线学习系统在有助于加强用户的游戏化使用体验的同时,也可能会分散用户分配到核心学习模块的精力,妨碍其学习效果。用户与游戏化学习系统中不同功能模块的交互特征以及交互结果是游戏化信息系统领域重点关注的问题(Liu et al.,2017)。本章研究通过展示4个子研究探究了自然出现时间线索——整点——如何影响用户对核心学习模块和游戏化模块的使用,以及如何影响用户使用游戏化学习系统的工具型和体验型结果。本章研究提出,整点能够激活用户的执行式思维模式,并进而支持用户在学习任务中坚持更长的时间,获得更好的工具型结果。

本章研究通过对来自中国某游戏化单词学习应用中用户客观行为数据的分析,发现了用户更倾向于在整点出现后开始使用核心学习模块,而不愿意在靠近这类时间点开始使用游戏化模块。相比于在其他时间点开始使用核心学习模块,用户在整点开始使用核心学习模块的比例越大,越可能取得更好的学习效果。进一步,来自实验室实验和实地实验的结果为整点这类时间线索产生影响的内在机制提供了证据。实验室实验的结果表明,相比于在其他时间点开始学习任务,被试在被操纵的整点开始学习任务时能够坚持更长的时间,取得更好的学习效果。实地实验的结果则进一步表明,被试在整点(相比于在其他时间点)开始使用核心学习模块能坚持更长时间,在整点开始使用游戏化模块带来的感知愉悦性更低。在线实验的分析结果进一步验证了整点效应的内在机制,也验证了学习系统中社会临场感对整点效应的部分调节作用。附录A中同时展示了加入控制变量的回归分析结果,该分析结果与本章主要呈现的T检验以及方差分析结果一致。

3.7.2　理论贡献及实践启示

本章研究的研究结果对相关领域的研究有以下贡献。

首先,本章研究拓展了游戏化信息系统的相关研究(相关文献整理见附录A)。已有研究或者将游戏化信息系统作为一个整体,关注在信息系统中引入游戏化设计如何影响用户感知、行为和表现(Cheong et al.,2013;Hanus et al.,2015),或者仅探讨特定游戏化设计要素如竞争结构(Santhanam et al.,2016)、排行榜(Zhou et al.,2019)和徽章(McDaniel et al.,2012)带来的影响。所有研究均从游戏化信息系统内部视角出发来分析游戏化对用户的影响。作为对相关研究的补充,本章研究从价值提供角度对系统中的核心学习模块和游戏化模块进行区分,重点关注系统外部因素(整点)如何影响用户与不同功能模块的互动及互动结果。

其次,本章研究的研究结果对自我控制(Duckworth et al.,2018;Milkman et al.,2008)和时间线索(Dai et al.,2014;2015;Gabarron et al.,2015)相关文献有所贡献。时间线索相关研究发现,在特定的时间线索(如新的一年、一月、一周)出现后,用户更可能开始自我控制,发起目标追求行为(Dai et al.,2014)。基于上述发现,本章研究更加精细地探索了日常生活中普遍存在的时间线索——整点带来的影响。此外,鉴于时间线索相关研究常常仅探讨其对用户行为的直接影响(Dai et al.,2014),所以本章研究除了关注整点对用户使用不同功能模块行为的影响,还进一步探讨了整点对用户使用核心学习模块和游戏化模块的工具型结果和体验型结果的影响。

最后,本章研究丰富了思维模式理论相关研究。在其他情境中的研究已经证实,空间相关的线索,如排队指引、其他人员站的位置以及时间分类的线索(Tu et al.,2014;Zhao et al.,2012)都会触发人们的执行式思维模式,并使得人们在目标导向行为中坚持得更久(Tu et al.，2014；Zhao et al.，2012）。作为对相关研究的补充,本章研究则发现自然出现的整点是激活用户执行式思维模式的重要情境线索,它会支持用户在学习等具有长期价值的目标任务中坚持更久。此外,本章研究还探讨了整点效应存在的边界条件,发现使用核心学习模块(完成学习任务)时在线学习系统中常见的社会临场感增强设计会削弱整点带来的影响。

本章研究的发现也具有重要的实践意义。第一,理解整点等时间线索如何影响用户与游戏化学习系统中不同功能模块的互动对游戏化学习平台的设计与优化十分重要。研究发现,平台开发人员可以进一步设计有效的提醒功能来激励用户对核心学习模块的使用并抑制其对游戏化模块的过度使用。例如,提醒系统可以考虑在恰当的时机(如整点)向用户发送同时强调时间点和学习目标的信息来激励用户的学习行为。第二,许多在线平台或应用常常希望通过向用户发送促销或推荐信息来吸引用户注意力,进而促使用户使用该平台或应用。根据本章研究的发现,平台或者应用需要考虑它们向用户提供的价值类型(实用价值或享乐价值)以及发送相关信息的时机。例如,娱乐性应用主要向用户提供享乐价值,因此相关应用最好在远离整点等时间线索的时机发送提醒信息。与之相反,健康管理等应用与用户长期的健康目标追求相关,这类应用可以在整点等时间线索出现时提醒用户,帮助用户尽快开始行动。

3.7.3 研究不足及未来研究方向

本章研究也存在不足之处。第一,在智能技术用于支持在线学习系统游戏化设计的研究情境中,技术的智能程度可能会影响用户使用游戏化模块的体验。本章研究仅从价值提供的角度对核心学习模块与游戏化模块进行了区分,并没有充分考虑游戏化模块设计的差异对用户感知和行为的影响。第二,本章研究中分析的用户客观行为数据和实地实验都是基于同一款游戏化单词学习软件来完成的,在未来的研究中,可以借助其他游戏化学习平台来验证本章研究的结果,也可以分析"整月""整周"等时间线索在类似研究情景中的影响。第三,本章研究从价值提供的角度强调了核心学习模块与游戏化模块的区别,并且仅考虑了同时使用核心学习模块和游戏化模块的用户行为,在未来可以进一步分析将核心学习任务和游戏化设计集成到一个功能模块的在线学习系统中的用户行为。第四,本章研究关注的用户均来自中国,考虑国家之间的文化差异,未来可以进一步验证本章研究的结论在具有其他文化背景的人群中是否成立。第五,本章研究参考现有研究工作(Tu et al.，2014；Zhao et al.，2012),基于思维模式理论解释了整点影响用户行为的内在机制。由于在研究中没有通过量表或者其他方式直接测量用户的思维模式,只能通过处于执行式思维模式的用户的常见行为——在目标任务中坚持更长的时间——来推断这类时间线索能否激活用户的执行式思维模式。未来可以考虑通过进一步的实验设计来验证整点产生影响的内在机制。

本 章 小 结

智能技术能有效支持信息系统中游戏化设计的实现。在在线学习系统中,游戏化设计被用于增强用户对系统的使用动机并防止用户流失。与系统中的核心学习模块相比,游戏化模块为用户提供了更多的享乐价值。游戏化模块能在短期内提高用户的参与度,但也有可能导致用户精力分散,妨碍学习效果。本章研究从自我控制的角度出发,提出了自然出现的整点是用户行为决策的参考点,这些时间线索的出现会影响用户与不同功能模块的互动,进而影响用户使用游戏化学习系统的工具型结果和体验型结果。通过 4 个子研究发现:用户更倾向于在整点等时间线索出现后开始使用核心学习模块,在远离这些时间线索时开始使用游戏化模块;相比于其他时间点,用户在整点开始使用核心学习模块或开始学习任务能坚持更长的时间并获得更好的学习效果;相比于其他时间点,用户在整点开始使用游戏化模块时的感知愉悦性更低。此外,本章研究还探讨了整点效应存在的边界条件,发现在使用核心学习模块场景中社会临场感会显著消除整点带来的影响。本章研究的结果有助于理解游戏化学习系统外的时间线索如何影响用户与游戏化学习系统的交互,能为系统的提醒机制设计提供参考。

第4章

基于语音的 AI 系统对用户行为和
服务效果的影响

4.1　研究背景及研究问题

随着智能技术水平的逐步提高,除了支持传统信息系统实现新的功能,基于前沿信息技术构建的智能系统甚至逐步用于替代某些信息系统。例如,机器学习技术在处理语音识别(speech recognition)和自然语言处理(natural language processing)等任务方面的水平的提升促进了基于语音的 AI 系统在不同商业领域的应用。[①] 特别地,为了提高用户体验以及降低服务成本,越来越多的企业运用基于语音的 AI 系统来替代现有的自助服务系统(Xiao et al.,2019)。根据 Oracle 集团在 2016 年发布的报告,78% 的品牌表示,到 2020 年,它们已经或正在计划应用 AI 系统来更好地服务用户(Oracle,2016)。与此同时,有研究人员曾预测,从 2017 年到 2021 年,将 AI 系统用于支持客户服务能在全球范围内带动 1.1 万亿美元的商务收入(Gantz et al.,2017)。P&S Intelligence 发布的市场研究报告进一步显示,电话服务中心 AI 应用的市场份额在 2018 年达到 9.15 亿美元,并预计在 2024 年攀升至 29.90 亿美元。[②]

本章研究关注在传统电话服务中心客服系统中引入基于语音的 AI 系统替代传统 IVR(Interactive Voice Response)系统所带来的影响。传统电话客服系统常常借助 IVR 系统来帮助用户在服务电话刚呼入时实现自助服务(Aksin et al.,2007;Gans et al.,2003)。一般来讲,用户主动呼入的服务电话首先被连接到 IVR 系统,用户按照 IVR 系统的语音提示,通过手机按键或者简单的语音命令与 IVR 系统进行交互,进而获得特定的服务(如电信运营商常用的设计为:话费余额查询请按 1,手机充值请按 2 等)。在 IVR 系统中,系统通过分层树状结构将它能提供的不同类别的服务组织起来,用户只有根据系统语音提示,严格遵

---

①　例如,https://www.nytimes.com/2019/05/22/technology/personaltech/ai-google-duplex.html。

②　https://www.globenewswire.com/news-release/2019/10/22/1932957/0/en/Call-Center-AI-Market-Size-Poised-to-Cross-2-990-1-Million-by-2024-P-S-Intelligence.html。

守预设的系统规则,通过逐层多次跳转,才能获得需要的服务或者实现服务间的切换。当基于语音的 AI 系统替代 IVR 系统后,借助语音识别和自然语言处理技术,用户与 AI 系统能够通过自然对话的方式完成自助服务过程。用户只需要直接"告诉"AI 系统自己的服务需求,AI 系统会根据对用户需求的"理解",直接定位到特定服务或实现服务间的快速切换。①

与 IVR 系统相比,基于语音的 AI 系统具有诸多潜在的优势。首先,AI 系统能够提高服务流程的灵活性以便支持个性化的用户服务。当用户与 AI 系统互动时,他们能够主动控制服务的节奏,直接告诉系统并由系统定位到不同的服务需求,用户也可以在服务过程中随时选择跳转到人工服务(通过"告诉"AI 系统"转人工"即可实现);在 IVR 系统中,每位用户都需要严格遵循 IVR 系统中预先设定的服务流程,经过相同的跳转路径,获取服务,如果发现层层跳转后到达的服务节点不是期望获得的服务,用户还需要根据语音提示从原跳转路径返回主服务目录,重新开始服务跳转选择过程。其次,基于语音的 AI 系统能够通过适应用户互动偏好来提高他们的服务体验。AI 系统能够通过自然对话与用户进行互动,允许用户以自己习惯的方式来表达需求(Fountain et al.,2019;Wilson et al.,2018);IVR 系统只为用户提供高度结构化且有限的服务选择。最后,基于语音的 AI 系统能够通过对历史服务记录的学习来不断提高服务能力,提升服务效果。例如,当 AI 系统在服务过程中遇到无法处理的问题时,客服人员可以对该问题进行标记。AI 系统能通过对这些情境的学习,来提高在未来处理类似问题的能力(Wilson et al.,2018)。

考虑上述情况,根据 Forbes Insight 的报导,电话服务中心被认为是借助 AI 提高用户体验的关键场景,企业有望通过基于 AI 的工具的应用来提高用户忠诚度和企业利润。② 然而,尽管应用领域对 AI 的关注越来越多,但 AI 技术在实际应用过程中仍然存在由理论到实践的鸿沟(a proof-of-concept-to-production gap)(Perry,2021)。AI 技术在理论上或者测试数据集上常常有较好的表现,但在实践应用中往往不能达到预期效果。在本章的研究情境中,IVR 系统基于预设的固定逻辑组织不同服务,而 AI 系统基于复杂的算法结构实现服务的获取。一方面,考虑电话服务中心的用户具有不同的交互服务需求,系统的有效性在实际应用中可能会产生变化(Brynjolfsson et al.,2017)。例如,某些用户在与 AI 对话过程中可能带有口音,这会导致语音识别错误的增加,从而降低 AI 系统的服务效果。另一方面,当摆脱 IVR 系统的严格服务逻辑约束后,AI 系统能够逐步学会适应用户的交互方式。灵活、类人的服务系统更能满足用户需求的多样性。鉴于 AI 系统在上述两个不同方面可能带来的影响,有必要借助客观数据验证 AI 系统在真实应用场景中带来的影响。

目前,关注运营管理(Operation Management,OM)领域 AI 应用的研究主要分析了基于 AI 技术实现的自动化和智能性带来的影响。相关研究讨论了 AI 技术如何用于在产品定价(Karlinsky-Shichor et al.,2019)、下订单决策(Li et al.,2022)和质量管理(Senoner et al.,2021)等领域支持运营决策或者重塑运营过程。除了 Cui et al.(2021)分析了 B2B 产品

---

① 例如,如果用户需要"查话费余额",在 IVR 系统中,拨通电话后,先输入"1"选择服务语言为"英语",再根据系统语音提示输入"1"选择话费相关项目,然后根据系统语音提示,输入"1"查询话费余额。在 AI 系统中,用户直接告诉系统"查话费""我想查话费"等,均可获得相应服务。

② Forbes Insights,"How AI Is Revamping the Call Center." https://www.forbes.com/sites/insights-ibmai/2020/06/25/how-ai-is-revamping-the-call-center/? sh=1f42cf1034b2.

批发场景中 AI 代理如何影响询价效果,很少有研究直接探讨在用户与服务系统交互的情境中,尤其在 B2C 的场景中,AI 应用带来的影响。因此,通过与中国北方某城市运营商合作,借助其电话服务中心引入 AI 语音客服系统的自然实地实验,本章将回答以下研究问题。

(1) 在客户服务系统中引入基于语音的 AI 系统替代传统 IVR 系统是否以及如何影响服务时长以及用户对人工服务的需求和用户抱怨?

(2) AI 系统带来的影响在不同用户间是否存在差异?

首先,服务时长是运营管理相关研究关注的一个重要结果变量。现有文献指出,客服系统中信息技术的应用会显著影响服务时长,而系统服务时长相关信息是服务运营优化问题的重要输入(Aksin et al.,2007;Gans et al.,2003;Mehrotra et al.,2003)。其次,IVR 系统(Dean,2008)、自助客服系统(Scherer et al.,2015;Selnes et al.,2001)和某些情境中的 AI 应用(Castelo et al.,2019;Longoni et al.,2019;Luo et al.,2019)相关研究发现,用户对非人的系统或算法有主观的排斥情绪,他们更倾向于与人进行交互。本章研究中,AI 系统提高了服务流程的灵活性,允许用户随时转接到人工服务。一个可能的负面影响是,如果用户不愿意与 AI 互动,该设计会提高他们对人工服务的需求并增加转接到人工服务的行为,从而提高运营成本。因此,有必要理解 AI 系统的引入如何影响用户对人工服务的需求。再次,现有的服务运营相关研究主要从企业角度关注服务的结果,大部分研究忽略了用户的服务体验。作为补充,本章研究考虑用户负面服务体验的直接结果——用户抱怨,并分析 AI 系统替代传统 IVR 系统将如何影响用户抱怨。最后,根据技术接受相关研究,用户特征会显著影响他们对新技术的接受和使用(Venkatesh et al.,2003;2012),本章研究还将分析 AI 系统带来的影响在个体层面表现出的异质性。

4.2　理论分析

参考现有智能系统/AI 应用与服务运营相关的研究,本节将探讨电话服务中心引入基于语音的 AI 系统替代 IVR 系统将如何影响服务运营中的 3 个重要结果:服务时长、对人工服务的需求和用户抱怨。

4.2.1　AI 系统对服务时长的影响

服务时长表示用户服务电话的持续时间(Gans et al.,2003)。服务时长是电话客服系统运营中关注的重要指标,因为它会直接影响客服系统的排班规划和转接设计(Gans et al.,2003;Harris et al.,1987)。从服务的组织方式来看,AI 系统的引入可能会缩短服务时长。在传统 IVR 系统中,系统通过类似于树的结构来分层组织可以提供的服务。其中,树的叶子节点代表不同的服务,中间节点代表用户在客服系统所处的不同状态,不同节点之间的连接表示为获取特定服务所需要经过的路径。在该系统中,所有的服务路径是预先设定的,用户需要遵循系统的语音提示,输入特定的信息,来实现不同服务节点之间的跳转。

在与 IVR 系统交互的过程中,用户还需要密切关注系统的语音提示内容,以便知道如何实现特定节点间的跳转。IVR 系统中服务的组织方式可能会导致服务过程中大量的时间消耗。在基于语音的 AI 客服系统中,借助语音识别,用户可以跳过 IVR 系统中的分层服务组织结构,直接定位到特定的服务,这有助于缩短服务时长。

然而,从服务交互模式的角度来看,AI 系统支持的基于语音的交互模式也可能会提高服务时长。首先,在使用 AI 系统时,用户需要花费一定的时间来思考如何向 AI 系统概括出需要的服务,并提供服务所需要的必要信息。在 IVR 系统中,用户只需要输入特定数字来选择需要的服务。其次,根据交互模式相关研究,在基于文本的客服系统中(如在 IVR 系统中输入特定的数字来获取服务)用户遵循认知经济的原则,他们更倾向于通过关键词的表达来提高沟通效率(Le Bigot et al.,2007)。与之形成对比,基于语音的交互模式会加强用户的互动卷入度。用户会在互动过程中使用与需求无关的表述(如人称代词、礼貌性表述)。最后,在基于语音交互模式中,用户会调整自己的表述方式以适应交互的系统(Clark et al.,1991;Cowan et al.,2015;Le Bigot et al.,2007)。用户投入更多的时间来推敲他们的语音内容或者重复听到的内容来与交互系统表现出相同的语言结构(Le Bigot et al.,2007;Leiser,1989)。因此,基于语音的服务交互可能比通过 IVR 系统获得服务需要更长的服务时间。基于此,本章研究将借助数据分析探索引入基于语音的 AI 系统对服务时长的影响。

4.2.2　AI 系统对人工服务需求的影响

用户在服务过程中对人工服务的需求与客服系统中的员工规划和运营成本密切相关(Aksin et al.,2007;Tezcan et al.,2012)。客服系统中 AI 系统的引入可能会对人工服务需求带来不同的影响。一方面,AI 系统的引入可能会提高用户对人工服务的需求。与 AI 应用相关的研究表明,在某些情境下,人们对 AI 应用持有主观的偏见,认为 AI 不能充分考虑用户的特殊性、不具有同理心且不适合完成主观性较强的任务(Castelo et al.,2019;Luo et al.,2019;Yeomans et al.,2019)。尽管 AI 在业务表现上已经能够达到专家水平,人们还是抵触与 AI 的交互(Dietvorst et al.,2015;2018;Longoni et al.,2019;Luo et al.,2019)。在本章的研究情境中,AI 系统的引入提高了用户转接到人工服务的灵活性——允许用户在服务过程中通过简单的语音命令跳过 AI 系统直接转接到人工服务。如果用户对 AI 系统持有抵触的情绪,即使 AI 系统能满足用户的服务需求,用户可能依旧选择跳转到人工服务。与之相对,在 IVR 系统中,用户一般在遍历系统可能提供的服务后,才获得转接人工服务的提示。系统对用户转接人工服务的限制较高,尽可能引导用户借助 IVR 系统完成自助过程。另一方面,根据 Dietvorst et al.(2018)的研究,允许用户在一定程度上对 AI 进行控制(如允许用户调整 AI 的预测结果)有助于消除他们对 AI 的抵触情绪。在本章研究中,AI 系统允许用户控制服务的节奏,用户能自由决定在服务过程中的任意时间转接人工服务。这种允许用户控制服务过程的设计有可能缓解用户对 AI 的抵触情绪,不会导致人工服务需求的增加。综上,本章研究不对 AI 系统如何影响用户对人工服务的需求提出具体预测,而是通过数据分析结果来探索具体影响方向。

4.2.3 AI 系统对用户抱怨的影响

用户抱怨是对用户负面的服务体验最直观可见的反映（Anderson，1998；Luo，2007；Singh，1988）。在服务领域，企业常常寻求具有创新性的技术应用来提高用户服务体验，进而减少用户抱怨。根据服务运营相关研究文献，企业通过标准化服务流程来保证向用户提供一致的服务（Leidner，1993）。标准化的服务流程是从服务提供者视角出发形成的、按照特定顺序组织的、用以满足用户需求的服务步骤。然而，在实际服务过程中，服务流程的变化很大程度上受到用户需求和用户偏好的驱动（Victorino et al.，2013）。如果在服务过程中系统或服务人员严格遵循既定流程，无法对临时出现的情况做出有效反应，很可能会忽视用户的多样性（范秀成，1999；Ashforth et al.，1988）。如何有效应对用户多样性（如需求多样性和偏好多样性）是企业在服务运营过程中面临的一个挑战（Frei，2006）。

广义来看，系统灵活性是应对用户需求多性样和偏好多样性的有效手段（Aksin et al.，2015；de Groote，1994；Heim et al.，2002；Shi et al.，2019）。在多变的环境中，更灵活的系统设计有助于提高系统的整体表现（de Groote，1994）。特别地，在服务运营过程中，提高员工或者客服系统应对用户要求的灵活性有助于支持个性化的服务（Hayes et al.，1984；Tansik et al.，1991），进而增强用户的服务体验（Roth et al.，2006）。例如，Victorino et al.（2013）在研究中发现，用户认为严格遵循服务流程的员工所提供的就餐推荐服务质量更低；与之相反，用户对允许员工灵活应对用户多样性的服务给予了更高的评价。Heim et al.（2002）发现，电子商务零售领域中服务流程的灵活性与用户满意度正向相关。在本章的研究情境中，AI 系统通过允许用户以自己喜欢的方式表达服务需求来适应用户的沟通偏好多样性。同时，与 IVR 系统相比，AI 系统提高了服务流程的灵活性，用户结合个性化需求，可以直接定位到需要的服务，在不同服务中灵活切换以及随时转接到人工服务。基于上述分析，本章研究提出，引入基于语音的 AI 系统替代 IVR 系统能够提高用户的服务体验，减少用户抱怨。

4.3 研 究 方 法

4.3.1 实验情境

本章研究与中国北方某城市移动运营商合作，借助该运营商在电话服务中心引入基于语音的 AI 系统替代 IVR 系统的自然实地实验数据开展研究。图 4-1 总结了该实验开展的具体时间线。在 2018 年 12 月 19 日之前，电话服务中心所有来自用户的服务电话都被直接转接到 IVR 系统。用户根据语音提示，通过手机按键选择需要的服务。从 2018 年 12 月 19 日起，AI 系统被逐渐引入用于替代 IVR 系统。具体过程如下：该电话服务中心首先将手机尾号是 1 或 7 的电话拨出的服务电话转接到 AI 系统，将来自其他手机尾号的服务电话转接到 IVR 系统。在与 AI 系统交互的过程中，用户简要概括他们需要的服务，AI 系统会根据对用户输入信息的分析，给出即时的反应。如果用户不能清楚地表达出他们需要的服务，AI 系统会询问特定问题，引导其表达出特定的需求。2018 年 12 月 19 日到 12 月 31 日期间，更新后的客服系统处于测试阶段，不能对所有服务进行记录。从 2019 年 1 月 1 日起，AI 系统开始连接到内部数据库并对所有服务记录进行存储。从 2019 年 1 月 10 日起，电话服务中心将来自手机尾号为 1、3、5、7 或 9 的服务电话连接到 AI 系统，从 2019 年 1 月 15 日起，AI 系统完全替代 IVR 系统，即所有客服电话都会首先转接到 AI 系统进行处理。

图 4-1　自然实地实验开展的时间线

如果 IVR 系统或者 AI 系统无法满足用户需求，用户可以选择转接到人工服务。在与 IVR 系统进行交互时，用户需要严格遵循预先设计的服务流程，在系统语音介绍完所有可能提供的服务后，系统会告知用户输入特定的数字来转接到人工服务。与之对应，AI 系统没有对用户在什么时间以及以什么方式转接到人工服务设置严格的限制。在服务开始时，AI 系统会告知用户："如果你需要人工服务，请说'转人工'。"

4.3.2　数据及变量测量

在本章研究的分析中，电话客服系统中引入基于语音的 AI 系统是对用户产生的外生性冲击。在 2018 年 12 月 19 日到 12 月 31 日期间，客服系统处于测试阶段，无法连接到公司的内部数据库。因此，本章研究在分析过程中剔除这段时间区间的记录，最终，选取的观察区间为 30 天，包括 21 天的实验（引入基于语音的 AI 系统）前阶段（2018 年 11 月 28 日到 12 月 18 日）和 9 天的实验阶段（2019 年 1 月 1 日到 1 月 9 日）。[①]

本章研究使用的数据集包括服务电话的开始和结束时间点，用户的个人信息如年龄（Age）、性别（Gender）和用户使用该公司通信服务的年限（Service Tenure），以及用户和 AI 对话的文本记录（从语音转录为文本）等数据。在分析数据前，本章研究先构建变量服务时长（Call Length），通过服务电话结束时间点和开始时间点的差值来测度服务电话的持续时

---

① 根据本章研究中自然实地实验开展的具体情况，研究的实验期有 9 天（从 2019 年 1 月 1 日到 2019 年 1 月 9 日，手机尾号为 1 或 7 的用户的服务电话被首先接入 AI 系统，而其余用户的服务电话被首先接入 IVR 系统）。同时，研究可以通过观察实验前 3 周关键结果变量（服务时长、人工服务需求、用户抱怨）的变化趋势来分析实验组与对照组的平行变化趋势。此外，由于合作的电信服务公司常常以月为周期设计服务内容（如包月套餐、按月收取话费、按月计算流量等）。因此，本章研究最终选取 30 天的数据观察窗口。

间。由于服务时长的取值呈偏态分布,在后续分析中,本章研究将该变量进行对数转化。转化后该变量取值呈正态分布。这也与现有文献中发现服务时长为对数-正态分布的研究结果一致(Gans et al.，2003)。本章研究进一步构建二元变量人工服务(Human Service)和用户抱怨(Customer Complaint),用于表示用户在服务过程中是否转接到人工服务以及用户在服务 30 分钟内是否对服务进行抱怨(是则取值为 1,否则取值为 0)。

在分析数据前,本章研究首先通过一系列检验来确保自然实验中实验组和控制组用户的可比性。由于实验基于用户手机尾号进行操纵,该方法并不能实现理想情况下的完全用户随机。考虑中国用户对手机尾号单双数存在潜在偏好,这可能会带来不同用户组之间(双数尾号组或单数尾号组)潜在的差异。为了消除该差异,本章研究以手机尾号为分组,对每组用户的基本信息(性别、年龄和使用该公司服务年限)及关键结果变量(服务时长、人工服务需求和用户抱怨)的实验前均值进行两两分组比较,具体结果见附录 B。通过分析结果可以发现,来自尾号组 7 和 9 的用户基本信息均和实验前关键结果变量取值不存在显著差异,结果见表 4-1。为了进一步说明手机尾号为 7 和 9 的用户组的可比性,本章研究还绘制了服务时长、人工服务需求和用户抱怨 3 个变量在实验前后的变化趋势图,见图 4-2、图 4-3 和图 4-4(图中 3 个因变量的取值以每两天的数据回归拟合得到)。图 4-2、图 4-3 和图 4-4 展示的信息表明,尾号 7 和 9 的用户间具有较高的可比性。因此,本章研究的主要分析将基于尾号为 7 和 9 的用户数据进行。

表 4-1　用户基本信息及引入 AI 系统前主要结果变量比较

手机尾号	Age	Gender	Service Tenure	Log(Call Length)	Human Service	Customer Complaint
7	43.58	0.64	8.51	4.45	0.32	0.01
	(11.52)	(0.48)	(3.74)	(0.95)	(0.47)	(0.12)
9	43.95	0.65	8.65	4.47	0.32	0.01
	(11.59)	(0.48)	(3.73)	(0.92)	(0.47)	(0.11)
T 检验的 p 值	0.47	0.99	0.21	0.35	0.66	0.46

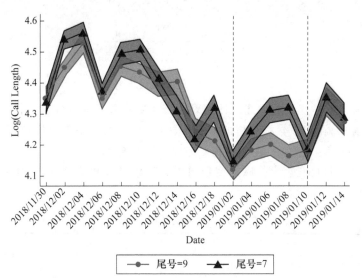

图 4-2　服务时长变化趋势

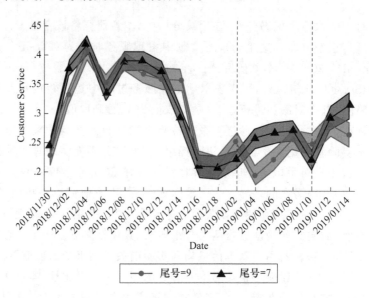

图 4-3　人工服务需求变化趋势

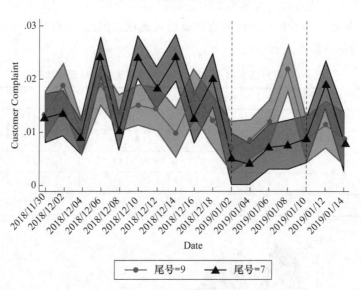

图 4-4　用户抱怨变化趋势

　　表 4-2 展示了主要变量的描述统计结果。表 4-3 展示了这些变量的相关系数矩阵。从上述结果可以看出,在用于数据分析的样本中,64.0%的用户是男性用户,用户平均年龄为43.77 岁。在所有服务记录中,29.0%的服务电话被转接到人工服务,1.30%的服务在发生后 30 分钟内收到用户抱怨。此外,从变量间相关系数可以初步判断,上述变量用于回归分析不存在严重的共线性问题。

表 4-2　主要变量描述统计

变　量	观测数	均　值	方　差	极小值	极大值	中位数
Log(Call Length)	18 580	4.45	0.87	2.30	7.37	4.41
Human Service	18 580	0.29	0.45	0	1	0

续 表

变　　量	观测数	均　　值	方　　差	极小值	极大值	中位数
Customer Complaint	18 580	0.01	0.11	0	1	0
Age	18 580	43.77	11.55	15	70	43
Gender	18 580	0.64	0.48	0	1	1
Service Tenure	18 580	8.58	3.73	2	23	8

表 4-3　主要变量相关系数矩阵

变　　量	Log(Call Length)	Human Service	Customer Complaint	Age	Gender	Service Tenure
Log(Call Length)	1.00					
Human Service	0.66	1.00				
Customer Complaint	0.12	0.04	1.00			
Age	−0.09	−0.13	−0.04	1.00		
Gender	−0.01	0.01	0.03	−0.03	1.00	
Service Tenure	−0.05	−0.07	0.02	0.30	0.05	1.00

4.3.3　计量模型构建

根据已有研究,双重差分模型(Difference-in-Differences,DID)是从观测数据中识别出某些政策或实验设计带来的经济影响的常用方法(Huang et al.,2017;Lin et al.,2019;Qiu et al.,2017)。因此,本章研究采用 DID 回归来分析基于语音的 AI 系统替代 IVR 系统所带来的影响,具体来讲,即构建回归模型〔式(4-1)、式(4-2)和式(4-3)〕,并在模型中考虑用户的随机效应,用以控制研究中无法观测的、与用户相关的、不随时间变化的变量。[①]

$$\text{Log(Call Length)}_{it} = \beta_1 \text{AI\_agent}_i + \beta_2 \text{AI\_agent}_i \cdot \text{After\_AI}_t + Z\text{Controls}_i + H\text{Controls}_t + u_i + \varepsilon_{it} \tag{4-1}$$

$$\text{Human Service Likelihood}_{it} = \frac{\text{Exp}(U_{it})}{\text{Exp}(U_{it})+1} \tag{4-2}$$

$$U_{it} = \beta_1 \text{AI\_agent}_i + \beta_2 \text{AI\_agent}_i \cdot \text{After\_AI}_t + Z\text{Controls}_i + H\text{Controls}_t + u_i + \varepsilon_{it}$$

$$\text{Customer Complaint Likelihood}_{it} = \frac{\text{Exp}(W_{it})}{\text{Exp}(W_{it})+1} \tag{4-3}$$

$$W_{it} = \beta_1 \text{AI\_agent}_i + \beta_2 \text{AI\_agent}_i \cdot \text{After\_AI}_t + Z\text{Controls}_i + H\text{Controls}_t + u_i + \varepsilon_{it}$$

在上述模型中,i 代表用户,t 代表观测时间。在式(4-1)中,因变量为 Log(Call Length)

[①]　本章研究选取随机效应模型主要有两个原因。第一,在本章研究的设计中,随机操纵是基于用户手机尾号进行的。因此,对同一用户,她/他的所有服务记录均在实验组或对照组。当基于相关数据开展固定效应回归分析时,代表用户特征的年龄、性别和客户资历等变量会因为共线性原因从模型中被剔除。第二,由于人工服务需求(Human Service)和用户抱怨(Customer Complaint)是二元变量,这两个变量取值为 1 的观测相对非常稀疏。如果分析时选择固定效应模型,许多观测组因为因变量取值全为 0 会从数据集中被删除,造成分析样本的大量损失。当然,为了验证分析结果的鲁棒性,本章研究会同时呈现随机效应和固定效应回归模型的结果。此外,本章研究也会通过多个安慰剂效应分析,排除发现的结果由其他干扰因素引起。

（服务时长取对数），在式(4-2)和式(4-3)中，通过数据只能直接观测到服务电话是否转接到人工服务（Human Service）以及一次电话服务结束后是否收到用户抱怨（Customer Complaint）。因此，本章研究借助 logit 模型来分析引入基于语音的 AI 系统对这两个变量的影响。其中，分别用 U 和 W 来表示无法直接观测的人工服务和用户抱怨的概率。在式(4-1)、式(4-2)和式(4-3)中，AI_agent 为二元变量，当服务电话来自实验组用户（手机尾号为 7）时取值为 1，当服务电话来自控制组用户（手机尾号为 9）时取值为 0。After_AI 为二元变量，当观测发生在引入 AI 系统（2019 年 12 月 18 日）后取值为 1，否则为 0。$Controls_i$ 代表用户相关的控制变量组成的向量，包括用户年龄（Age）、性别（Gender）和客户资历（Service Tenure），$Controls_i$ 代表时间相关控制变量组成的向量，分析中对每一天分别构建一个二元变量，u 表示用户相关的不可观测变量，ϵ 是残差项。

交互项 AI_agent·After_AI 的回归系数是本章研究关注的重点，用以刻画 AI 系统（相比于 IVR 系统）带来的影响。例如，当式(4-1)中该交互项的系数为正数且在统计上显著时，该结果就表明与控制组中不能使用 AI 系统的用户相比，实验组的用户在引入 AI 系统后服务时长显著变长。

4.4 研究结果

4.4.1 主要结果分析

表 4-4 和表 4-5 展示了研究情境中 AI 系统替代传统 IVR 系统对服务时长、人工服务需求和用户抱怨的影响。由于服务时长可以细分为机器服务时长和人工服务时长，为了细化探究 AI 系统的应用对机器服务时长和人工服务时长分别带来的影响，将服务时长这一变量拆分为机器服务时长（Machine_Call Length）和人工服务时长（Human_Call Length）。其中，机器服务时长衡量用户自助服务阶段 AI 系统或 IVR 系统服务的持续时间，人工服务时长衡量由人工客服提供服务的持续时间。

从表 4-4 的结果可以看出，AI 系统的引入显著地增加了机器服务时长。通过转换，可以计算得到 AI 系统的应用使机器服务时长变长约 $5.65\%〔100×(e^{0.055}-1)\%〕$。同时，AI 系统的应用对人工服务时长的变化没有带来显著影响。上述结果表明，当应用 AI 系统替代 IVR 系统后，用户倾向于花费更长的时间与 AI 系统交互。为了探究机器服务时长增加的原因，进一步对用户与 AI 系统的对话进行内容分析。该内容由用户-AI 系统对话语音转录得来。结果显示，在 28.80% 的对话中，用户使用第一或第二人称（"我"和"你"）来加强对话过程中的卷入度。所有对话中，大约 21.30% 的对话中至少包含一个表达礼貌的句子（如"谢谢"），16.00% 的对话中，用户在构思对话内容时使用停顿词（"嗯"）。对话中与服务需求无关的特征都会增加服务的时长。特别地，附录 B 表 B-2 进一步将本章研究中用户与 AI 系统互动特征的统计结果与人-系统不同互动模式的相关研究发现进行对比。结果显示，本章研究中基于语音的交互特征（包括每次对话中的句子数，每个句子中的单词数，第一、第二人称代词出现的频率和停顿出现的频率等特征)与其他研究情境中的发现接近。综合上述结果可以发现,相比于基于文本的交互模式,基于语音的交互模式中这些特征表现得更为突出(Hauptmann et al.,1988;Le Bigot et al.,2007),这可能是导致机器服务时长增加的原因。但是,根据表 4-4 中第 5 列和第 6 列的结果,AI 系统的应用对系统总服务时长的影响在随机效应和固定效应模型中的结果并不一致,本研究对该效果不下具体结论。

表 4-4 引入 AI 系统对服务时长的影响

变 量	(1) Log (Machine_ Call Length)	(2) Log (Machine_ Call Length)	(3) Log (Human_ Call Length)	(4) Log (Human_ Call Length	(5) Log (Call Length)	(6) Log (Call Length)
AI_agent	0.003		0.021		0.005	
	(0.018)		(0.071)		(0.022)	
AI_agent · After_AI	0.055**	0.041*	0.082	0.012	0.050**	0.032
	(0.021)	(0.022)	(0.082)	(0.083)	(0.023)	(0.023)
Age	−0.003***		−0.027**		−0.006***	
	(0.001)		(0.003)		(0.001)	
Gender	−0.024		−0.022		−0.027	
	(0.017)		(0.065)		(0.021)	
Service Tenure	−0.004*		−0.022**		−0.006**	
	(0.002)		(0.009)		(0.003)	
Observations	18 580	18 580	18 580	18 580	18 580	18 580
Between R-square	0.080	0.061	0.045	0.006	0.043	0.013
Number of Customers	3 625	3 625	1 818	5 359	3 625	3 625
Day Dummies	Y	Y	Y	Y	Y	Y
Customer Random Effects	Y	—	Y	—	Y	—
Customer Fixed Effects	—	Y	—	Y	—	Y

注:括号内为稳健标准误差。* 表示在 0.1 的水平上显著;** 表示在 0.05 的水平上显著;*** 表示在 0.01 的水平上显著。对于表中第 3 列和第 4 列,当服务由 AI 系统或 IVR 系统成功办理时,Human_Call Length 的取值为 0。分析过程中 Log(Human_Call Length)=Log(Human_Call Length+1)。

表 4-5 引入 AI 系统对人工服务需求和用户抱怨的影响

变 量	(1) Human Service	(2) Human Service	(3) Customer Complaint	(4) Customer Complaint
AI_agent	0.007(0.083)		0.129(0.369)	
AI_agent · After_AI	0.103(0.089)	0.036(0.092)	−1.037**(0.406)	−1.101**(0.438)
Age	−0.035***(0.004)		−0.069***(0.017)	
Gender	−0.030(0.079)		0.249(0.358)	
Service Tenure	−0.025**(0.011)		0.117**(0.048)	
Observations	18 580	10 621	18 169	959
Number of Customers	3 625	1 658	3 625	107

变　量	(1) Human Service	(2) Human Service	(3) Customer Complaint	(4) Customer Complaint
Day Dummies	Y	Y	Y	Y
Customer Random Effects	Y	—	Y	—
Customer Fixed Effects	—	Y	—	Y

注:括号内为稳健标准误差。** 表示在 0.05 的水平上显著;*** 表示在 0.01 的水平上显著。对于表中第 2 列～第 4 列,考虑固定效应的 Logistic 回归时,部分观察被自动剔除。

与此同时,表 4-5 的结果显示,基于语音的 AI 系统的引入并未显著地影响用户对人工服务的需求,尽管用户在与 AI 系统的交互过程中能够更加方便地转接到人工服务。上述分析结果没有发现应用 AI 系统所带来的潜在负面影响。当与 AI 系统交互时,用户可以在服务电话接通时直接要求转接人工服务,如果用户厌恶与 AI 系统交互,这会引起服务人员工作负荷的显著增加。回归分析结果没有发现相应的影响,说明在本章的研究情境中,服务系统的设计允许用户主动控制服务节奏以及转接人工服务的时间,不会带来对 AI 的抵触情绪和行为。

根据表 4-5 第 3 列和第 4 列的结果,可以分析 AI 系统的引入对用户抱怨的影响。从结果可以看出,AI 系统的引入显著地降低了用户抱怨的发生。根据 Hosmer et al.(2013)的研究,可以进一步量化 AI 系统引入所带来的影响效果。具体而言,在实施 AI 系统前,用户抱怨的平均取值为 $M=0.0013$,AI 系统的引入将用户抱怨的可能性降低到 $0.005〔0.013 \cdot e^{-1.037}/(1+0.013 \cdot e^{-1.037})〕$,使得用户抱怨降低 61.54%。作为对研究运营管理中 AI 应用特征影响的相关文献的拓展,本研究结果证实由 AI 系统支持的服务灵活性能增强服务效果。附录 B 将展示根据单数手机尾号用户数据分析的结果,该结果与本章研究的主分析结果基本一致。

4.4.2　用户使用 AI 系统过程中的学习效应

在 IS 领域,与新技术接受和使用相关的研究发现,当用户对新技术感到熟悉时,他们更倾向于接纳和使用该技术(Castaneda et al.,2007;Taylor et al.,1995)。在本章研究中,用户在观察期间可能多次使用客服系统。因此,本章研究进一步分析引入 AI 系统所带来的影响是否随着用户使用经验的积累而发生改变。根据用户的服务记录,本章研究计算每位用户使用 AI 支持的客服系统的次数并将其作为用户使用 AI 系统的经验的代理变量。平均来讲,实验组和控制组的用户在观测期间平均使用了 5.15 次电话服务。分析过程中,首先根据服务发生的时间对服务进行排序,并依次对服务记录进行编号(第 1 次服务记录,第 2 次服务记录,…,第 n 次服务记录)。在此基础上,根据用户使用客服系统次数的均值,构建二元变量使用经验(Experience)。如果某次服务的编号数大于 5,对该变量赋值 1;如果某次服务的编号数小于等于 5,对该变量赋值 0。在对学习效应进行分析的过程中,将 AI_agent、After_AI 和 Experience 的交互项加入回归模型。

表 4-6 展示了 AI 系统的应用对服务时长带来的影响中的学习效应。结果显示,当根据所有服务记录进行回归分析时,交互项 AI_agent·After_AI·Experience 并不显著影响服务时长、机器服务时长和人工服务时长。进一步,当根据服务电话是否转接到人工服务对服

务需求的复杂性进行区分时,能够发现更细节性的结果。从表 4-7 的结果可以看出,对于相对简单的服务(AI 系统或者 IVR 系统能够直接处理的服务,Human Service＝0),交互项 AI_agent·After_AI 系数显著为正,且交互项 AI_agent·After_AI·Experience 的系数不显著,说明对 AI 系统的引入直接导致服务时长(也就是机器服务时长)的延长,该影响对有经验和没经验用户类似,对这类服务,服务时长的影响不存在学习效应。与之相对,对于相对复杂的服务任务(转接到人工客服的服务,Human Service＝1),交互项 AI_agent·After_AI·Experience 对机器服务时长的影响系数显著为负。这说明随着用户使用 AI 系统的经验的积累,他们与 AI 系统交互的时长增加会相应地减少。同时,交互项 AI_agent·After_AI·Experience 对人工服务时长和总服务时长的影响效果不显著。

表 4-6 AI 系统的应用对服务时长影响的学习效应

变　量	(1) Log (Machine_Call Length)	(2) Log (Machine_Call Length)	(3) Log (Human_Call Length)	(4) Log (Human_Call Length)	(5) Log (Call Length)	(6) Log (Call Length)
AI_agent	0.001		0.049		0.006	
	(0.018)		(0.073)		(0.022)	
AI_agent·After_AI	0.082***	0.064**	0.030	−0.037	0.065**	0.043
	(0.026)	(0.028)	(0.100)	(0.106)	(0.028)	(0.029)
AI_agent·After_AI·Experience	−0.056	−0.046	0.238	0.257	−0.014	−0.004
	(0.048)	(0.049)	(0.135)	(0.189)	(0.052)	(0.053)
Experience	0.107***	0.048*	0.651***	0.564***	0.152***	
	(0.026)	(0.028)	(0.102)	(0.108)	(0.029)	
AI_agent·Experience	−0.020	−0.017	−0.177	−0.224	−0.037	−0.039
	(0.036)	(0.039)	(0.140)	(0.148)	(0.040)	(0.041)
After_AI·Experience	−0.066*	−0.046	−0.619***	−0.808***	−0.133***	−0.195***
	(0.035)	(0.049)	(0.133)	(0.136)	(0.037)	(0.038)
Age	−0.004***		−0.028***		−0.006***	
	(0.001)		(0.003)		(0.001)	
Gender	−0.025		−0.024		−0.027	
	(0.016)		(0.065)		(0.021)	
Service Tenure	−0.004*		−0.022**		−0.006**	
	(0.002)		(0.009)		(0.003)	
Observations	18 580	18 580	18 580	18 580	18 580	18 580
Day Dummies	Y	Y	Y	Y	Y	Y
Customer Random Effect	Y	—	Y	—	Y	—
Customer Fixed Effect	—	Y	—	Y	—	Y

注:括号内为稳健标准误差。* 表示在 0.1 的水平上显著;** 表示在 0.05 的水平上显著;*** 表示在 0.01 的水平上显著。

表 4-7 AI 系统的应用对服务时长影响的学习效应（考虑服务任务复杂度）

变量	Human Service=0		Human Service=1					
	(1) Log(Machine_ Call Length)	(2) Log(Machine_ Call Length)	(3) Log(Machine_ Call Length)	(4) Log(Machine_ Call Length)	(5) Log(Machine_ Call Length)	(6) Log(Human_ Call Length)	(7) Log (Call Length)	(8) Log (Call Length)
AI_agent	−0.018	0.019	0.019		0.013		0.022	0.032
	(0.020)	(0.022)	(0.022)		(0.032)		(0.019)	(0.037)
AI_agent · After_AI	0.078***	0.061*	0.175***	0.150***	−0.024	−0.022	0.056*	−0.078
	(0.029)	(0.031)	(0.035)	(0.047)	(0.053)	(0.071)	(0.029)	(0.055)
AI_agent · After_AI · Experience	−0.036	−0.038	−0.114*	−0.124*	−0.015	−0.056	−0.062	−0.043
	(0.055)	(0.057)	(0.060)	(0.070)	(0.091)	(0.107)	(0.048)	(0.027)
Experience	0.088***	0.018	−0.055*	−0.063*	0.004	−0.038	−0.022	0.047
	(0.031)	(0.034)	(0.029)	(0.034)	(0.044)	(0.052)	(0.024)	(0.036)
AI_agent · Experience	−0.024	−0.017	0.051	0.081*	−0.026	−0.019	0.024	−0.012
	(0.043)	(0.047)	(0.040)	(0.046)	(0.061)	(0.070)	(0.033)	(0.040)
After_AI · Experience	−0.006	−0.064	0.022	0.010	0.003	0.041	−0.011	
	(0.039)	(0.041)	(0.043)	(0.051)	(0.066)	(0.078)	(0.035)	
Age	−0.002***		0.004***		0.003**		0.004	
	(0.001)		(0.001)		(0.001)		(0.001)	
Gender	−0.021		−0.020		−0.026		−0.022	
	(0.018)		(0.019)		(0.027)		(0.017)	
Service Tenure	−0.000		−0.003		−0.006		−0.005**	
	(0.002)		(0.003)		(0.004)		(0.002)	
Observations	13 211	13 211	5 359	5 359	5 359	5 359	5 359	5 359
Day Dummies	Y	Y	Y	Y	Y	Y	Y	Y
Customer Random Effects	Y	—	Y	—	Y	—	Y	—
Customer Fixed Effects	—	Y	—	Y	—	Y	—	Y

注：括号内为稳健标准误。* 表示在 0.1 的水平上显著；** 表示在 0.05 的水平上显著；*** 表示在 0.01 的水平上显著。表中第 1 列和第 2 列主要展示 Human Service=0 时相应观测的回归分析结果；表中第 3 列～第 8 列主要展示 Human Service=1 时相应观测回归分析的结果。

表 4-8 展示了 AI 系统的应用对用户抱怨影响的学习效应。与表 4-6 展示的结果类似，当根据所有服务记录进行回归分析时，交互项 AI_agent・After_AI・Experience 并不显著地影响用户抱怨。与之前的分析思路相同，本章研究进一步根据服务电话是否转接到人工服务来对服务需求的复杂性进行区分。从表 4-9 的结果可以看出，对于相对简单的服务（AI系统或者 IVR 系统能够直接处理的服务，Human Service＝0），交互项 AI_agent・After_AI 系数显著为负，且交互项 AI_agent・After_AI・Experience 的系数不显著，说明 AI 系统的引入能够直接减少用户抱怨，该效果对所有用户均存在。与之相对，对于相对复杂的服务任务（转接到人工客服的服务，Human Service＝1），交互项 AI_agent・After_AI・Experience 对用户抱怨的影响系数显著为负。这说明随着用户使用 AI 系统的经验的积累，他们的服务体验会进一步提高。

表 4-8　对用户抱怨影响的学习效应

变　量	(1) Human Service	(2) Human Service	(3) Customer Complaint	(4) Customer Complaint
AI_agent	0.040(0.086)		0.106(0.390)	
AI_agent・After_AI	0.039(0.112)	−0.046(0.120)	−0.783(0.514)	-1.136*(0.582)
AI_agent・After_AI・Experience	0.270(0.203)	0.296(0.208)	−0.742(0.849)	−0.559(0.896)
Experience	0.666***(0.108)	0.595***(0.115)	0.473(0.433)	−0.081(0.457)
AI_agent・Experience	−0.194(0.150)	−0.192(0.158)	0.032(0.594)	0.402(0.650)
After_AI・Experience	−0.691***(0.147)	−0.870***(0.152)	−0.382(0.550)	−0.543(0.592)
Age	−0.036***(0.004)		−0.070***(0.017)	
Gender	−0.032(0.080)		0.253(0.361)	
Service Tenure	−0.025**(0.011)		0.119**(0.049)	
Observations	18 580	10 621	18 169	959
Day Dummies	Y	Y	Y	Y
Customer Random Effect	Y	—	Y	—
Customer Fixed Effect	—	Y	—	Y

注：括号内为稳健标准误差。* 表示在 0.1 的水平上显著；** 表示在 0.05 的水平上显著；*** 表示在 0.01 的水平上显著。

表 4-9　对用户抱怨影响的学习效应（考虑服务任务复杂度）

变　量	Human Service＝0		Human Service＝1	
	(1) Customer Complaint	(2) Customer Complaint	(3) Customer Complaint	(4) Customer Complaint(OLS)
AI_agent	0.092(0.472)		0.279(0.844)	
AI_agent・After_AI	−2.650**(1.087)	−0.008*(0.005)	−0.670(1.052)	−0.007(0.012)
AI_agent・After_AI・Experience	1.476(1.584)	0.008(0.009)	−3.722**(1.869)	−0.024(0.018)
Experience	1.087*(0.554)	0.004(0.005)	−1.612(1.354)	−0.011(0.009)

变 量	Human Service＝0		Human Service＝1	
	(1) Customer Complaint	(2) Customer Complaint	(3) Customer Complaint	(4) Customer Complaint(OLS)
AI_agent · Experience	−0.870(0.820)	−0.008(0.007)	2.117(1.524)	0.017(0.012)
After_AI · Experience	−0.723(0.739)	−0.006(0.006)	1.940(1.518)	0.011(0.013)
Age	−0.090***(0.022)		−0.047(0.031)	
Gender	0.023(0.442)		0.738(0.644)	
Service Tenure	0.163***(0.060)		0.175**(0.085)	
Observations	12 334	13 221	4 479	5 359
Day Dummies	Y	Y	Y	Y
Customer Random Effects	Y	—	Y	—
Customer Fixed Effects	—	Y	—	Y

注：括号内为稳健标准误差。* 表示在 0.1 的水平上显著；** 表示在 0.05 的水平上显著；*** 表示在 0.01 的水平上显著。在表中第 4 列，考虑固定效应的 Logistic 回归无法收敛，因此表中展示了 OLS 回归结果。特别地，在第 4 列的结果中，对于相对复杂的服务任务，交互项 AI_agent · After_AI · Experience 对用户抱怨的影响系数不显著（$p=0.180$），该结果可能是由不同的回归方法导致的。

根据上述分析结果，对相对复杂的服务任务，AI 系统也不能直接满足用户需求，有必要进一步探索 AI 系统为何在这类情况下对有经验的用户能进一步降低用户抱怨。在本章研究中，借助对用户与 AI 系统进行语音交互的数据的分析，可以为上述结果提供一定的解释。在分析过程中，对转接到人工客服的服务电话，进一步分析某次电话服务中用户与 AI 系统的交互轮次（一问一答为一轮交互）与用户使用 AI 系统次数的关系，分析结果见附录 B 中表 B-5。该回归结果表明，用户使用 AI 系统的次数与其转接到人工服务前与 AI 系统的交互轮次显著呈负相关。上述结果表明，通过对以往 AI 系统使用经验的学习，用户能更好地提前判断出 AI 系统不能提供他们需要的服务。因此，他们会在服务早期转接到人工服务，而 AI 系统服务流程的灵活性也支持用户实现这个操作，这使得用户可以获得更好的服务体验。

4.4.3 AI 系统影响的异质性分析

在分析 AI 系统对服务时长、人工服务需求和用户抱怨的影响后，本章研究进一步探索用户层面的差异——年龄（Age）、性别（Gender）和使用 IVR 系统的经验——如何调节基于语音的 AI 系统带来的影响。4.3.2 小节提到，本章研究构建了变量客户资历（Service Tenure）用于刻画用户使用该公司通信服务的时间。在调节作用的分析过程中，本章研究将该变量作为用户使用 IVR 系统经验的代理变量。在回归分析前，先将连续变量，即年龄和客户资历进行中心化处理，并将中心化后的变量用于计算交互项。分析结果见表 4-10。

表 4-10 用户基本信息调节作用分析

变量		(1) Log(Call Length)	(2) Log(Call Length)	(3) Human Service	(4) Human Service	(5) Customer Complaint	(6) Customer Complaint
A：年龄的调节作用	AI_agent	0.004		0.009		0.332	
		(0.022)		(0.084)		(0.398)	
	AI_agent·After_AI	0.053**	0.035	0.084	0.003	−1.441***	−1.613***
		(0.023)	(0.023)	(0.090)	(0.093)	(0.443)	(0.486)
	AI_agent·After_AI·Age	−0.004*	−0.004**	−0.014*	−0.022**	−0.109***	−0.146***
		(0.002)	(0.002)	(0.008)	(0.009)	(0.041)	(0.047)
	Age	−0.009***		−0.036***		−0.104***	
		(0.001)		(0.005)		(0.027)	
	AI_agent·Age	0.001		0.000		0.058	
		(0.002)		(0.007)		(0.036)	
	After_AI·Age	0.008***	0.008***	0.008	0.010	0.055**	0.060**
		(0.001)	(0.001)	(0.006)	(0.006)	(0.028)	(0.029)
	Gender	−0.027		−0.031		0.250	
		(0.021)		(0.079)		(0.364)	
	Service Tenure	−0.006**		−0.025		0.119**	
		(0.003)		(0.011)		(0.049)	
	Observations	18 580	18 580	18 580	10 621	18 169	959
	Number of Customers	3 625	3 625	3 625	1 658	3 625	107
	Day Dummies	Y	Y	Y	Y	Y	Y
	Customer Random Effects	Y	—	Y	—	Y	—
	Customer Fixed Effects	—	Y	—	Y	—	Y
B：性别的调节作用	AI_agent	0.005		−0.028		0.657	
		(0.037)		(0.140)		(0.673)	
	AI_agent·After_AI	0.038	0.015	0.053	−0.057	−2.669***	−2.873***
		(0.039)	(0.039)	(0.152)	(0.156)	(0.904)	(0.990)
	AI_agent·After_AI·Gender	0.017	0.025	0.075	0.143	2.118**	2.306**
		(0.478)	(0.049)	(0.188)	(0.193)	(1.015)	(1.116)
	Age	−0.006***		−0.035***		−0.069***	
		(0.001)		(0.004)		(0.017)	
	Gender	−0.043		−0.054		0.599	
		(0.033)		(0.124)		(0.587)	
	AI_agent·Gender	0.001		0.056		−0.738	
		(0.046)		(0.174)		(0.809)	

变量		(1) Log(Call Length)	(2) Log(Call Length)	(3) Human Service	(4) Human Service	(5) Customer Complaint	(6) Customer Complaint
B：性别的调节作用	After_AI·Gender	0.031	0.025	−0.048	−0.070	−0.634	−0.700
		(0.034)	(0.034)	(0.133)	(0.138)	(0.584)	(0.629)
	Service Tenure	−0.006**		−0.025**		0.118**	
		(0.003)		(0.011)		(0.049)	
	Observations	18 580	18 580	18 580	10 621	18 169	959
	Number of Customers	3 625	3 625	3 625	1 658	3 625	107
	Day Dummies	Y	Y	Y	Y	Y	Y
	Customer Random Effects	Y	—	Y	—	Y	—
	Customer Fixed Effects	—	Y	—	Y	—	Y
C：客户资历的调节作用	AI_agent	0.005		0.002		0.117	
		(0.022)		(0.083)		(0.402)	
	AI_agent·After_AI	0.050**	0.032	0.111	−0.049	−0.991**	0.998**
		(0.023)	(0.023)	(0.090)	(0.092)	(0.423)	(0.445)
	AI_agent·After_AI·Tenure	−0.007	−0.006	0.033	0.036	−0.257**	−0.217*
		(0.006)	(0.006)	(0.025)	(0.025)	(0.110)	(0.116)
	Age	−0.006***		−0.035***		−0.073***	
		(0.001)		(0.004)		(0.019)	
	Gender	−0.027		−0.030		0.246	
		(0.021)		(0.079)		(0.390)	
	Service Tenure	−0.015***		−0.037**		0.023	
		(0.004)		(0.017)		(0.082)	
	AI_agent·Service Tenure	0.002		−0.010		0.124	
		(0.006)		(0.023)		(0.108)	
	After_AI·Service Tenure	0.021***	0.020***	0.026	0.025	0.198***	0.170**
		(0.004)	(0.004)	(0.018)	(0.018)	(0.075)	(0.078)
	Observations	18 580	18 580	18 580	10 621	18 169	959
	Number of Customers	3 625	3 625	3 625	1 658	3 625	107
	Day Dummies	Y	Y	Y	Y	Y	Y
	Customer Random Effects	Y	—	Y	—	Y	—
	Customer Fixed Effects	—	Y	—	Y	—	Y

注：括号内为稳健标准误差。* 表示在 0.1 的水平上显著；** 表示在 0.05 的水平上显著；*** 表示在 0.01 的水平上显著。

　　根据表 4-10A 部分中的结果,研究发现年龄能够显著调节 AI 系统对服务时长、人工服务需求和用户抱怨的影响。根据第 1 列的分析结果,交互项 AI_agent · After_AI 显著正向影响服务时长($\beta=0.05,p<0.05$),而包含年龄的交互项 AI_agent · After_AI · Age 显著负向影响服务时长($\beta=-0.004,p<0.1$)。因此,结果表明随着用户年龄的增加,引入 AI 系统对服务时长的影响被削弱,即服务时长增加的幅度降低。根据第 3 列的分析结果,引入 AI 系统替代 IVR 系统后,交互项 AI_agent · After_AI · Age 对人工服务需求的影响系数为负且显著,说明年龄较大的用户对人工服务的需求会降低($\beta=-0.01,p<0.1$)。同时,根据第 5 列的结果,交互项 AI_agent · After_AI 显著负向影响用户抱怨($\beta=-1.44,p<0.01$),而包含年龄的交互项 AI_agent · After_AI · Age 也显著负向影响用户抱怨($\beta=-0.11,p<0.01$)。这表明,相比于年轻的用户,年龄较大的用户在使用 AI 系统提供的服务时对服务的抱怨更少。上述分析结果与 Meuter et al.(2005)的研究发现一致,他们证实了相对年长的用户不擅长且抵制使用传统 IVR 系统。本研究结果则进一步显示,AI 服务系统带来的灵活性有利于提高年长用户的服务体验。

　　对性别的调节作用(结果见表 4-10 的 B 部分)的分析结果显示,AI 系统对不同性别用户在服务时长和人工服务需求两个结果变量的影响不存在显著差异。然而,相比于男性用户,AI 系统对降低女性用户抱怨的效果更为显著($\beta=2.12,p<0.05$,Gender=1 代表男性用户)。该结果说明,女性用户从 AI 系统支持的基于对话的服务过程中获得了更好的服务体验,而男性用户没有显著感知到 AI 系统或 IVR 系统提供的服务间的差异。与此类似,用户使用 IVR 系统的经验也显著调节了 AI 系统对用户抱怨(结果见表 4-10 C 部分)的影响。对有丰富的 IVR 系统使用经验的用户,AI 系统的应用在减少用户抱怨上效果更明显($\beta=-0.26,p<0.05$)。一个可能的原因是,这类用户对 IVR 系统的缺陷更为熟悉,因此更能感知到 AI 系统带来的便利,因此引入 AI 系统后,他们的抱怨显著降低。

4.4.4　AI 系统应用带来的新颖性效应

　　当用户对 AI 系统不熟悉时,他们可以因为好奇而愿意花更多的时间与 AI 系统沟通,也可能对新系统产生较高的容忍度。因此,新颖性效应(Novelty Effect)也是解释本章介绍的研究发现的一个潜在原因。为了对 AI 系统可能带来的新颖性效应进行分析,本章研究在仅考虑用户实验期间的前一次或前二次观测数据,以及剔除用户实验期间的前一次或前二次观测数据后,重复进行回归分析。分析结果见表 4-11 和表 4-12。

　　表 4-11 主要展示了不同数据集中 AI 系统应用新颖性效应对服务时长的影响。分析结果显示,当 AI 系统刚被引入时(仅考虑实验期间前一次或前二次观测数据),用户服务过程中机器服务时长会显著增长,而当剔除实验期间前一次或前二次观测数据后,AI 系统引入不再显著影响机器服务时长。上述结果说明,AI 系统的应用(替代 IVR 系统)对机器服务时长的影响只是暂时存在。进一步分析对应服务记录中用户与 AI 系统的交互数据(语音转文本)可以发现,用户首次与 AI 系统交互时对话中的交互轮次($M_{First}=3.639$ vs. $M_{Later}=3.210,p<0.001$)和停顿次数($M_{First}=0.226$ vs. $M_{Later}=0.216,p<0.005$)都显著高于之后的交互对话。

表 4-11　AI 系统应用新颖性效应对服务时长的影响

变量	(1) Log (Machine_ Call Length)	(2) Log (Machine_ Call Length)	(3) Log (Human_ Call Length)	(4) Log (Human_ Call Length)	(5) Log (Call Length)	(6) Log (Call Length)
A：仅考虑实验期间前一次交互记录						
AI_agent	0.000		0.017		0.002	
	(0.019)		(0.071)		(0.022)	
AI_agent・After_AI	0.065**	0.055**	−0.001	−0.014	0.047*	0.038
	(0.026)	(0.026)	(0.097)	(0.098)	(0.028)	(0.028)
Age	−0.005***		−0.026***		−0.007***	
	(0.001)		(0.003)		(0.001)	
Gender	−0.036*		−0.029		−0.038*	
	(0.018)		(0.068)		(0.022)	
Service Tenure	−0.005**		−0.031***		−0.008***	
	(0.002)		(0.009)		(0.003)	
Observations	13 820	13 820	13 820	13 820	13 820	13 820
Day Dummies	Y	Y	Y	Y	Y	Y
Customer Random Effects	Y	—	Y	—	Y	—
Customer Fixed Effects	—	Y	—	Y	—	Y
B：仅考虑实验期间前两次交互记录						
AI_agent	0.000		0.016		0.002	
	(0.018)		(0.071)		(0.022)	
AI_agent・After_AI	0.073***	0.058**	0.041	0.002	0.053*	0.038
	(0.023)	(0.023)	(0.088)	(0.089)	(0.025)	(0.025)
Age	−0.004***		−0.027		−0.006***	
	(0.001)		(0.003)		(0.001)	
Gender	−0.027		−0.031		−0.030	
	(0.017)		(0.066)		(0.021)	
Service Tenure	−0.005**		−0.025***		−0.007**	
	(0.002)		(0.009)		(0.003)	
Observations	16 356	16 356	16 356	16 356	16 356	16 356
Day Dummies	Y	Y	Y	Y	Y	Y
Customer Random Effects	Y	—	Y	—	Y	—
Customer Fixed Effects	—	Y	—	Y	—	Y
AI_agent	0.061***		0.085		0.090***	
	(0.022)		(0.058)		(0.028)	
AI_agent・After_AI	0.016	−0.009	0.079	0.001	0.024	−0.006
	(0.026)	(0.026)	(0.066)	(0.068)	(0.028)	(0.029)

续 表

变量	(1) Log(Machine_Call Length)	(2) Log(Machine_Call Length)	(3) Log(Human_Call Length)	(4) Log(Human_Call Length)	(5) Log(Call Length)	(6) Log(Call Length)
C：剔除实验期间前一次交互记录						
Age	−0.004***		−0.157***		−0.006***	
	(0.001)		(0.002)		(0.001)	
Gender	−0.014		−0.012		−0.012	
	(0.019)		(0.051)		(0.025)	
Service Tenure	−0.005*		−0.020***		−0.007**	
	(0.003)		(0.007)		(0.003)	
Observations	13 998	13 998	13 998	13 998	13 998	13 998
Day Dummies	Y	Y	Y	Y	Y	Y
Customer Random Effects	Y	—	Y	—	Y	—
Customer Fixed Effects	—	Y	—	Y	—	Y
D：剔除实验期间前两次交互记录						
AI_agent	0.063**		0.103		0.082**	
	(0.027)		(0.068)		(0.033)	
AI_agent·After_AI	−0.011	−0.020	0.123	0.074	0.013	−0.002
	(0.030)	(0.031)	(0.076)	(0.078)	(0.033)	(0.033)
Age	−0.004***		−0.017***		−0.007***	
	(0.001)		(0.003)		(0.001)	
Gender	0.000		0.030		0.012	
	(0.026)		(0.065)		(0.032)	
Service Tenure	−0.003		−0.021**		−0.006	
	(0.003)		(0.008)		(0.004)	
Observations	9 447	9 447	9 447	9 447	9 447	9 447
Day Dummies	Y	Y	Y	Y	Y	Y
Customer Random Effects	Y	—	Y	—	Y	—
Customer Fixed Effects	—	Y	—	Y	—	Y

注：括号内为稳健标准误差。* 表示在 0.1 的水平上显著；** 表示在 0.05 的水平上显著；*** 表示在 0.01 的水平上显著。

表 4-12 主要展示了不同数据集中 AI 系统的引入对人工服务需求和用户抱怨的影响。分析结果显示，当 AI 系统刚被引入时（仅考虑实验期间前一次），用户对人工服务的需求有小幅显著增加，而当剔除实验期间前一次或前二次服务观测数据后，AI 系统的引入不再显著影响用户对人工服务的需求。上述结果说明，AI 系统的应用（替代 IVR 系统）可能会暂时提高用户对人工服务的需求。然而，分析 AI 系统应用对用户抱怨的结果显示，无论仅考虑实验期间前一次或前二次观测数据还是剔除上述数据，AI 系统的引入对用户抱怨的显著负向作用都持续存在，即 AI 系统确实能够持续提升用户服务体验，减少用户抱怨。

表 4-12　AI 系统应用新颖性效应对人工服务需求和用户抱怨的影响

变量	(1) Human Service	(2) Human Service	(3) Customer Complaint	(4) Customer Complaint
A：仅考虑实验期间前一次交互记录				
AI_agent	−0.033(0.096)		0.087(0.402)	
AI_agent·After_AI	0.751***(0.190)	0.445**(0.198)	−2.214**(1.078)	−2.479**(1.066)
Age	−0.036***(0.004)		−0.066***(0.020)	
Gender	−0.014(0.096)		0.130(0.406)	
Service Tenure	−0.045***(0.014)		0.123**(0.056)	
Observations	13 820	6 883	13 409	651
Day Dummies	Y	Y	Y	Y
Customer Random Effects	Y	—	Y	—
Customer Fixed Effects	—	Y	—	Y
B：仅考虑实验期间前两次交互记录				
AI_agent	0.000(0.087)		0.100(0.380)	
AI_agent·After_AI	0.177*(0.105)	0.034(0.109)	−0.815*(0.471)	−1.008**(0.512)
Age	−0.035***(0.004)		−0.062***(0.018)	
Gender	−0.050(0.085)		0.167(0.372)	
Service Tenure	−0.035***(0.012)		0.116**(0.052)	
Observations	16 356	9 001	15 945	829
Day Dummies	Y	Y	Y	Y
Customer Random Effects	Y	—	Y	—
Customer Fixed Effects	—	Y	—	Y
C：剔除实验期间前一次交互记录				
AI_agent	0.125(0.104)		0.314(0.466)	
AI_agent·After_AI	0.119(0.110)	0.011(0.112)	−1.330**(0.541)	−0.142**(0.584)
Age	−0.032***(0.004)		−0.078***(0.020)	
Gender	−0.019(0.094)		0.345(0.425)	
Service Tenure	−0.035**(0.013)		0.142**(0.056)	
Observations	13 998	8 084	13 276	788
Day Dummies	Y	Y	Y	Y
Customer Random Effects	Y	—	Y	—
Customer Fixed Effects	—	Y	—	Y
D：剔除实验期间前两次交互记录				
AI_agent	0.160(0.121)		−0.040(0.561)	
AI_agent·After_AI	0.197(0.129)	0.131(0.133)	−1.892***(0.608)	−1.819***(0.666)
Age	−0.035***(0.005)		−0.095***(0.026)	
Gender	0.061(0.117)		0.415(0.551)	
Service Tenure	−0.037**(0.015)		0.167**(0.073)	
Observations	9 447	5 591	8 379	598
Day Dummies	Y	Y	Y	Y
Customer Random Effects	Y	—	Y	—
Customer Fixed Effects	—	Y	—	Y

注：括号内为稳健标准误差。* 表示在 0.1 的水平上显著；** 表示在 0.05 的水平上显著；*** 表示在 0.01 的水平上显著。

4.4.5 用户与 AI 系统互动特征的影响

本部分研究通过对用户与 AI 系统对话文本(通过对话语音转录形成文本)的分析来进一步探究用户与 AI 系统互动特征对用户人工服务需求和用户抱怨的影响。本部分研究通过构建变量对话轮次(Conversation_Count)来测度一次电话服务中用户与 AI 系统的互动轮次。变量失败轮次(Failure_Count)用于测度一次电话服务中 AI 系统识别用户意图失败的次数(通过分析 AI 系统重复提出相同问题的次数来代表语音识别失败次数)。分析发现,大约 28.50% 的用户与 AI 系统交互记录中存在语音识别失败。由于对话轮次和失败轮次取值呈偏态分布,分析过程中使用对这两个变量取对数后的值。[①] 表 4-13 展示了详细的分析结果。

从表 4-13 第 1 列的结果可以看出,Log(Conversation_Count)与人工服务需求和用户抱怨显著负相关。对于该结果,一个可能的原因是,对 AI 系统能够处理的服务需求,用户与 AI 系统存在更多的交互轮次,他们对人工服务的需求相对较少,也更少对服务进行抱怨。与此同时,Log(Failure_Count)与人工服务需求和用户抱怨显著正相关。这表明,用户与 AI 系统交互过程中,系统语音识别失败会导致人工服务需求增加和用户抱怨增加等负面影响。

表 4-13 用户与 AI 互动特征的影响

变 量	(1) Human Service	(2) Human Service	(3) Customer Complaint	(4) Customer Complaint
Log(Conversation_Count)	-3.858^{***} (0.096)	-1.971^{***} (0.104)	-3.347^{***} (0.608)	-1.122^{**} (0.461)
Log(Failure_Count)	0.966^{***} (0.090)	0.242^{*} (0.128)	1.610^{***} (0.594)	0.213(0.585)
Age	-0.033^{***} (0.003)		-0.027 (0.017)	
Gender	-0.122^{*} (0.067)		0.136(0.388)	
Service Tenure	-0.042^{***} (0.009)		-0.057 (0.052)	
Observations	17 274	6 950	17 274	366
Number of Customers	9 042	1 880	9 042	78
Day Dummies	Y	Y	Y	Y
Customer Random Effects	Y	—	Y	—
Customer Fixed Effects	—	Y	—	Y

注:括号内为稳健标准误差。* 表示在 0.1 的水平上显著;** 表示在 0.05 的水平上显著;*** 表示在 0.01 的水平上显著。在表中第 2 列和第 4 列,考虑固定效应的 Logistic 回归分析剔除了大量观测数据。在表中第 4 列,变量 Log(Failure_Count)的系数不显著,可能是 Logistic 回归带来的样本减少所导致。

4.4.6 安慰剂效应检验

本小节将通过一系列安慰剂效应的检验来确认本章研究发现的 AI 系统带来的影响是

---

① 由于一次对话中 Failure_Count 的取值可能为 0,在进行对数转化时根据公式 Log(Failure_Count)=Log(Failure_Count+0.1)计算。

否在引入 AI 系统前或者在不能使用 AI 系统的用户组中存在。

第一组安慰剂效应检验使用与本章研究主分析相同的用户组的数据(手机尾号为 7 或 9 的用户)。检验中使用 2018 年 12 月 9 日前后各 10 天的数据(2018 年 11 月 29 日到 12 月 18 日的数据)。通过构建二元变量 Placebo_Time 来替代主分析中的 After_AI。如果观测发生于"后 10 天",对 Placebo_Time 赋值为 1,否则赋值为 0。分析结果见附录 B 中表 B-6 的 A 部分。根据该结果,本部分研究没有发现显著的安慰剂效应,也就是在电话服务中心引入 AI 系统前,两组用户在服务时长、人工服务需求和用户抱怨上不存在显著差异。

第二组安慰剂效应检验使用实验期间不能获得 AI 系统提供服务的用户数据。因为研究过程中只考虑尾号为单数的用户的数据,所以分析中分别比较尾号 3 和 9,5 和 9 的用户组的数据,分析的观测区间与主效应分析的时间区间一致。通过构建二元变量 Placebo_AI 来替代变量 AI_agent。如果用户手机尾号为 3 或者 5,该变量赋值为 1;如果用户手机尾号为 9,该变量赋值为 0。详细结果见附录 B 中表 B-6 的 B 部分和 C 部分。结果显示,Placebo_AI·After_AI 交互项的回归系数在统计上不显著,说明对不能使用 AI 系统的用户组,没有观测到变量服务时长、人工服务需求和用户抱怨的显著变化。

4.5　结果讨论

4.5.1　主要发现

本章旨在探讨在电话客服系统中引入基于语音的 AI 系统替代传统 IVR 系统时对用户行为和服务效果的影响。首先,本章研究发现基于语音的 AI 系统引入的初始阶段会使得用户机器服务时长变长,人工服务的需求小幅增加。但随着系统的持续使用,AI 系统的应用对机器服务时长和人工服务需求的影响不再显著。其次,本章研究发现 AI 系统的应用能够持续减少用户抱怨,且对用户抱怨的影响程度与用户服务需求复杂性和用户使用 AI 系统的经验相关。对简单的用户需求,AI 系统能降低所有用户的用户抱怨;对相对复杂的用户需求,AI 系统有助于提升有丰富的系统使用经验的用户的服务体验。最后,本章研究分析了用户个体特征差异如何调节 AI 系统带来的影响。结果显示,AI 系统更有助于提高年龄相对较大的用户、女性用户和具有丰富 IVR 系统使用经验的用户的服务体验。

4.5.2　理论贡献及实践启示

本章研究对智能系统/AI 应用相关文献(对相关文献的整理详见附录 B)及电话服务运营相关研究有所贡献。第一,本章研究将对 AI 应用影响的分析的研究拓宽到 B2C 用户服务的情境。现有研究分析了 AI 应用在国际贸易(Brynjolfsson et al.,2019)、金融产品营销(Luo et al.,2019)和基于语音的在线购物(Sun et al.,2019)等场景的影响。但关注 AI 系统如何影响售后服务的研究相对较少。为了对这部分研究进行补充,本章研究分析了在电话客服系统中引入基于语音的 AI 系统替代传统 IVR 系统时带来的影响。研究发现,相比于 IVR 系统,在系统应用早期,AI 支持的基于对话的服务方式使得机器服务时长显著变长。该发现与人-系统交互模式相关研究的发现一致(Clark et al.,1991;Le Bigot et al.,2007)。对用户与 AI 系统对话内容进行的分析发现,基于对话的互动(相比于基于文本的互动)会促使用户使用更长的语句、停顿词,以及与需求无关的人称代词和礼貌性表述。现有研究也指出,在用户与 AI 直接互动的情境下,AI 价值的实现受到研究情境和用户在使用 AI 过程中扮演的角色的影响(Dietvorst et al.,2018;Luo et al.,2019)。当用户被动接受来自 AI 系统的营销信息(Luo et al.,2019)、预测结果(Dietvorst et al.,2015)、医疗护理服务(Longoni et al.,2019)时,他们会表现出抵触的行为。然而,在本研究情境中,当用户能够主动控制服务节奏时,基于 AI 的客服系统不会导致用户对人工服务需求的增加,即使该情境中用户转接到人工服务的约束减少。此外,本章研究还提供了初步的分析证据,表明 AI 服务失败会带来负面影响,丰富了不完美 AI 相关的研究(Dietvorst et al.,2015;2018)。

第二,本章研究通过分析突破性技术如何影响用户行为和服务效果,丰富了服务运营的相关研究。以往研究分析了技术进步对电话客服系统运营带来的影响,如 IVR 系统的应用(Aksin et al.,2007;Tezcan et al.,2012)、多址运营(Armony,2005)和外包(杜培枫,2004;Ren et al.,2008)等。本章研究关注电话客服系统中 AI 系统的应用以及借助 AI 系统语音识别技术支持的服务流程灵活性带来的影响。运营管理相关研究常常从企业角度衡量客服系统的服务效果,希望优化系统易于追踪的如运营成本(Tezcan et al.,2012)、用户等待时间和用户服务时长(Khudyakov et al.,2010;Singhal et al.,2019)等指标,对用户服务体验的关注相对较少(Aksin et al.,2007)。因此,本章研究除了关注服务时长这一客观结果变量,还从用户角度出发,分析 AI 客服系统对用户抱怨的影响,并发现 AI 系统替代 IVR 系统能够显著减少用户抱怨。此外,现有研究常常认为用户是同质的,用固定参数代表某一服务系统的表现(Khudyakov et al.,2010;Tezcan et al.,2012)。本章研究在此基础上分析了用户特征——年龄、性别和 IVR 系统使用经验——对 AI 系统带来的影响的调节作用。

本章研究的发现也具有重要的实践意义。第一,本章研究发现基于语音的 AI 系统在电话客服系统的应用能够提高用户的服务体验(减少用户抱怨)。长期来讲,该设计能提高用户转接到人工服务的灵活性且不会导致对人工服务需求的显著增加。这些发现排除了 AI 应用可能带来的负面影响,为 AI 的经济价值提供了直接证据,能鼓励企业持续应用 AI 来支持用户服务。第二,分析发现,AI 系统带来的影响与用户服务需求的复杂性紧密相关。基于 AI 系统的服务平台可以考虑根据历史服务记录对相对简单和相对复杂的用户需求进行区分。基于区分的结果,平台可以考虑鼓励用户使用基于 AI 的服务来处理简单的用户需求,并尽快引导用户跳转到人工服务以解决复杂的用户需求。此外,对用户与 AI 互动的细节进行分析的结果表明,当用户遭遇服务失败时,更有可能转向人工服务并对服务进行抱怨。服务平台需要持续关注如何提高语音识别等 AI 能力,以便支撑用户获得良好的服务体验。第三,关于 AI 系统新颖性效应的分析可以发现,在 AI 系统引入的早期,可能会带来机器服务时长和人工服务需求的增加。因此,企业在引入 AI 系统时,需要做好充分的准备,以合理的方式补充服务资源,为机器服务时长和转人工需求的暂时增加做好准备,保障用户顺利获得服务。

4.5.3　研究不足及未来研究方向

本章研究也有不足之处。第一,本章研究中使用的数据集不能观察到 IVR 系统处理的用户需求的具体类型,因此,无法根据客观的服务类型来对服务需求复杂性进行划分。在未来的研究中,可以考虑根据客观服务类型划分服务需求复杂性来验证本研究的分析结果。第二,本章研究分析了基于语音的 AI 系统对服务时长、用户人工服务需求和用户抱怨的影响,未来的研究可以考虑 AI 系统的引入对其他重要且与服务质量紧密相关的因变量(如用户满意度)的影响。此外,基于对用户与 AI 系统对话文本的分析,本章研究初步验证了语音识别失败带来的负面影响。在未来,可以考虑分析其他用户相关因素(如用户情绪)和 AI 系统设计特征(如 AI 情绪和服务语气)对用户行为和服务体验的影响。

本　章　小　结

随着语音识别和自然语言处理技术的发展,基于语音的 AI 系统被逐渐引入不同的商务领域。目前,关于 AI 系统在支持售后客户服务中的实际表现的研究相对较少。通过与中国北方某城市移动运营商合作,本章基于电话客服系统实施基于语音的 AI 系统的自然实地实验数据,分析了引入 AI 系统替代传统 IVR 系统对用户服务过程中的行为和服务效果的影响,研究发现,AI 系统的引入能够暂时提高用户的机器服务时长和人工服务需求,但 AI 系统的应用会持续减少用户抱怨。AI 系统提高了用户转接到人工服务的灵活性,但不会显著提高用户对人工服务的需求。该研究结果为 AI 客服系统的经济价值提供了证据,也丰富了 AI 应用和服务运营的相关文献。

第 5 章

在线学习系统中人或 **AI** 的反馈对用户感知的影响

5.1 研究背景和研究问题

随着智能技术水平的不断提高,智能技术/智能系统除了用于支持信息系统实现新功能和替代特定信息系统(如传统自助服务系统),也逐渐被用于替代人类完成具体任务。其中一项典型的应用是在在线学习情境中替代人对用户的学习表现进行评价,这有助于解决用户在在线学习过程中无法获得及时反馈的难题。在线学习是指通过电子媒体(主要借助互联网)开展的学习活动(George et al. , 2019)。近年来,尤其在受到新冠疫情的影响后,在线学习在全球范围内获得了越来越广泛的应用。在国外,截止到 2018 年,慕课(Massive Open Online Courses,MOOC)这类典型的在线学习形式已经吸引了超过 1 亿名用户(ICEF, Monitor 2019)。在中国,在线教育近年来也取得突破性发展。根据中国互联网络信息中心(CNNIC)发布的第 45 次《中国互联网络发展状况统计报告》,截至 2020 年 3 月,我国在线教育用户规模达已经达到 4.23 亿,占整体网民的 46.90%。

在线学习的一大优势是允许大量处于不同地理空间的用户根据自己的时间和节奏组织学习活动,能满足用户个性化的学习需求。在线学习平台在具有这一优势的同时也面临一大难题——平台无法及时有效地为不同用户提供个性化的学习反馈。特别地,教育领域的诸多研究都强调了学习过程中反馈的重要性。其中,Hattie et al. (2007)将教育中的反馈定义为由老师、同辈、父母、书籍或者自我等代理给出的关于某人在知识理解或任务表现方面的信息。Cramp(2011)则将反馈信息视为学习过程的内在组成要素,认为反馈之间是相互支持的序列过程而不是一系列无关的活动。Lizzio et al. (2008)则直接指出,反馈有助于桥接用户学习目标与实际学习表现之间的差距。反馈是促进学生开展监督、评价和管理个人的学习行为的重要方式。特别地,Eraut(2006)强调,学生在学习过程中收到的反馈,无论是有意的还是无意的,都会显著影响他们的学习表现。因此,探究如何借助智能技术在在线学习情境下提供合适的学习反馈设计对在线学习平台及其用户具有重要的价值。

目前的在线学习系统,除了向用户提供具有标准答案的某些客观测试(如选择题)的反馈,很难像在线下学习环境一样及时为学生提供知识能力的反馈。如果系统借助人工方式为用户提供详细的反馈,由于在线学习平台同时服务大量用户,且不同用户学习节奏和学习时间不同,则会带来巨大的人力成本。近年来,随着人工智能技术的快速发展,基于机器学习和前沿分析算法构建的 AI 系统能够对学习者的表现进行很好的评价。例如,在 TOEFL 考试成绩评价过程中,对口语和写作部分的成绩判定是综合考虑自动生成的 AI 评分和人工评价员的打分来完成的。相关研究还进一步证实,这种借助人与 AI 算法综合对考试人员的能力进行的评价具有更好的一致性和准确性。另外,在美国,Data Recognition Corporation(DRC)公司与 Measurement Incorporated(MI)公司合作,借助自动文章评分系统对学生提交的作文进行评价。MI 公司开发的文章评分系统(Essay Scoring Engine, PEG)已经对累计数千万学生的写作内容进行评价。分析证实,该 PEG 系统在评价结果的信度和效度上都已经超过普通评价人员的表现,达到了专家评价员的水平。[①]

在实际应用过程中,为了充分保证用户的知情权,相关平台一般会主动披露评价是否由 AI 算法或系统提供。另外,部分地区也逐步意识到保证 AI 应用透明的重要性,并制定了相应的法规来强制对 AI 应用的披露。例如,美国加利福尼亚州在 2018 年公布的 B. O. T. 法案(Bolstering Online Transparency Act)强制部分网站、应用或社交网络披露 AI 的身份。[②] 在上述背景下,虽然基于智能技术的 AI 评价系统已经逐步被用于辅助甚至替代人工评价,但是在向用户披露不同评价来源的情境中,还存在以下问题值得进一步探究。

(1) 人们对 AI 给出的不同反馈会如何反应? 特别地,AI 给出的反馈与人给出的反馈相比,是否会引起用户不同感知的差异?

(2) 如果存在差异,是否可以通过合适的反馈特征设计消除该差异?

为了深入解答上述问题,本章介绍的研究希望基于归因理论,探索来自人或 AI 的不同的学习任务表现反馈如何影响用户的感知。具体来讲,参考反馈相关文献并结合 AI 的特点,本章研究将借助实验设计探讨反馈来源(人或 AI)、反馈效价(正向或负向)和反馈维度(主观或客观)等不同特征如何交互影响用户对不同反馈的感知。在此基础上,本章研究将进一步关注反馈透明度(transparency)可能带来的影响。通过对 AI 相关研究结果的分析,整理出两大类典型反馈信息透明度——过程透明度(procedure transparency)和结果透明度(outcome transparency),通过在线实验验证不同维度的反馈透明度如何影响 AI 提供的反馈信息对用户感知的影响。

5.2　理论分析和研究假设

5.2.1　归因理论

归因理论是理解人们对引起特定结果/行为的原因进行解释以及不同解释方式如何影响用户期望、感知和行为的理论(林钟,2001;Weiner,1985;1995)。其中,归因是指人们

[①]　https://dpi.wi.gov/sites/default/files/imce/assessment/pdf/Forward%20AI%20Brief.pdf.

[②]　https://www.natlawreview.com/article/california-s-bot-disclosure-law-sb-1001-now-effect。法案中没有直接称 AI,而是使用 bot 一词,代指不由人主导的,能自主完成全部或部分行为的在线账号。

对原因的感知或者推断(银成钺 等,2011;Kelley et al.,1980)。一旦人们认定引起特定结果的可能的某些/某类原因,他们会根据相关原因的特征调整个人的行为和决策(如个人行为的改变是否会引起相关影响因素的变化)(孙煜明,1991)。例如,如果获得满意的结果,人们会倾向于通过行为强化原因-结果的因果联系。与之相反,如果前期活动中并未取得理想的结果,如考试失败、经济衰退和在社交中被拒绝等,人们则更可能改变原因相关的选择以便将来能够取得更积极的效果(Weiner,1985)。特别地,Weiner(1985)归纳出三类典型的归因维度:定位(locus)、稳定性(stability)和可控性(controllability)。这三个维度的归因会进一步影响用户的愤怒、感激、后悔、无助、遗憾或骄傲等情感体验。其中,定位维度的归因主要关注人们将引起结果的原因归于人为因素(内在因素)还是环境因素(外在因素);稳定性主要强调提供解释的因素是否随着时间变化,例如,一般认为人的能力水平是相对稳定的因素,而付出的努力是可以改变的;可控性主要关注人们是否能控制或改变该因素,如人们较难控制个人情绪但是比较容易控制个人的努力程度。

围绕用户的归因行为,已经有丰富的研究分别对"归因"行为的前因和后果进行探讨。影响归因行为的前因主要指人们会根据结果/行为的具体内容和该结果出现的特定情境因素来进行原因推断。归因过程往往具有很强的主观性,有学者发现人们在进行原因推断的时候存在显著的自我服务偏差(self-serving biases)(Heider,1958;Kelley,1971;Miller,1976)。例如,Sicoly et al.(1977)在研究中发现,当收到任务成功或失败的反馈信息时,被试更倾向于接受能够强化或者保护其自尊的反馈信息,他们更喜欢将成功归因于个人努力相关因素,而将失败归因于外在因素。

在反馈相关的研究中,学者常常也借助归因理论解释反馈带来的影响。例如,在个人层面的研究中,Dion(1975)发现反馈来源特征会影响用户的归因。相比于从女性那里收到负向的反馈,女性被试从男性那里收到负向反馈时更倾向于将该结果归因于歧视。Crocker et al.(1991)发现黑人学生更倾向于将可以看到自己肤色的白人学生给出的负向反馈(相比于不能看到自己肤色的白人学生给出相同的反馈)归因于偏见。因此,在分析反馈带来的影响时,反馈来源是研究设计中考虑的重要因素。此外,反馈的效价(正向或负向的结果反馈)也是影响用户归因的重要因素。Staw(1975)在研究中操纵团队在完成金融任务时收到的定性和定量的任务反馈。研究发现,相比于收到负向反馈的团队,收到正向反馈的团队认为其所在团队更具有凝聚力,一起工作起来更有趣且沟通质量更高。Bachrach et al.(2001)分析了向团队成员提供被操纵为负向、中性和正向的团队表现反馈如何影响团队成员的组织公民行为。结果显示,相比于收到负向反馈的团队,收到正向反馈的团队成员会表现出更多的公民行为。基于上述研究,反馈效价也是研究设计中考虑的一个重要因素。

通过相关文献的分析可以发现,人们在对反馈结果进行归因解释时,反馈来源(谁给出反馈)和反馈效价(正向或负向)都是重要的影响因素。Vangelisti et al.(2000)也强调,在归因过程中,具体的结果和该结果出现的过程相关的因素都会影响人们的归因行为。因此,本章研究将关注学习任务表现反馈的来源(人或者 AI)和反馈的效价(正向或负向)对用户感知的影响。与此同时,本书第 2 章 2.4 节的文献回顾发现,现有反馈相关研究常常关注相对客观的反馈信息带来的影响。在学习过程中,用户对知识的理解和运用能力常常通过完成更主观、非结构化的任务(如写作)体现出来。因此,本章研究将对现有研究进行拓展,引入反馈维度(主观维度 vs. 客观维度)来刻画反馈关注任务的相对客观性,并探究考虑反馈来源、反馈效价和反馈维度的交互对用户感知的影响。

5.2.2 不同任务反馈的影响

根据归因理论的相关研究结果,反馈效价,即用户收到正向还是负向的反馈信息是影响其归因行为的最重要因素之一(Weiner,1985;1995)。研究发现,人们在进行反馈归因时存在明显的"负向偏差"。具体来讲,当用户的任务表现收到正向的反馈结果,他们更倾向于将取得该结果的原因归于自身的因素,如个人的能力水平或个人的努力(Weiner,1985;1995)。与之相对,当用户的任务表现收到负向的反馈结果,他们则倾向于将该结果归因于外界因素,如任务太难、运气不好、评价不公平等因素(Weiner,1985;1995)。在本章的研究中,反馈信息的来源(人还是AI)和反馈的维度(主观或客观)都是典型的外界因素。当用户获得来自人或者AI的正向任务反馈时,他们会获得积极的情感体验,同时把原因归于自身相关因素,而不会太关注反馈来源的差异。在该情境下,反馈来源(人或AI)的不同可能不会引起用户感知的差异。参考反馈相关的研究结果,在对反馈信息进行解读时,用户感知反馈的公平性(fairness)(Alder et al.,2005)、可靠性(reliability)(Podsakoff et al.,1989)和对反馈信息的满意度(satisfaction)(Kim,1984)是最常见且重要的结果。综合上述分析,本章研究认为,来自人或者AI的正向任务反馈,可能不会引起用户感知反馈信息公平性、可靠性和满意度的差异。

当用户获得负向的任务反馈时,他们更可能将原因归结到外部因素上,如提供反馈的对象(Crocker et al.,1991;Weiner,1985;1995)。在实践应用中,尽管AI在很多方面的表现都已经达到甚至超过人类水平(Castelo et al.,2019;Dietvorst et al.,2015;2018;Longoni et al.,2019;Luo et al.,2019),但人们还是在主观上认为AI更适合于相对客观、机械化的任务(Castelo et al.,2019;Gaudiello et al.,2016)。研究发现,人们普遍认为AI或者算法更适合于完成借助客观知识或存在客观衡量标准的任务(如判断一袋西红柿的重量);与之相对,AI被认为不擅长处理某些需要主观判断或感知能力才能完成的任务(如判断游泳需要准备的必要装备)。例如,Gaudiello et al.(2016)通过实验发现,相比于AI在社会性任务(social tasks)中给出的答案,人们更加认同AI在功能性任务(functional tasks)中给出的答案。Castelo et al.(2019)则借助实地研究,发现人们在完成主观任务(相比于客观任务)时会更少信任或依赖AI或算法,因为人们认为算法不具备完成主观任务的能力。在该研究中,他们还提出可以通过增强人们对任务客观程度的感知或者提高算法"类人"特征来提高人们对算法的信任和使用程度(Castelo et al.2019)。Yeomans et al.(2019)也在研究中证实,人们更愿意借助人而不是算法来对笑话的趣味性进行预测。

基于上述发现,本章研究进一步引入反馈维度这一构念来区分对相对主观或客观的任务给出的反馈。其中,"客观"主要强调评价任务表现优劣有相对固定的标准;而"主观"则强调对任务表现的评价受到个人偏好和观点的影响(Castelo et al.2019)。对于相对客观的任务,人们感知人和AI都具有比较高的评价能力(Castelo et al.2019)。因此,用户在对这类反馈结果进行归因时,来自人或AI的反馈不会带来用户感知的显著差异。与之相对,由于人们主观认为AI(与人相比)不擅长完成相对主观的任务(Castelo et al.,2019;Yeomans et al.,2019),相比于收到由人提供的主观维度负向反馈,用户感知来自AI的相同反馈具有更低的公平性、可靠性和满意度。因此,本章研究提出以下假设。

假设 1:对于主观维度的负向任务反馈,用户感知来自人的反馈比来自 AI 的反馈具有更高的感知反馈公平性、可靠性和满意度。

随着智能技术的发展和广泛应用,AI 已经逐步具备推理、计划和学习能力,能够处理由人完成的多类任务(Rzepka et al.,2018)。在本章研究中,由于人们对 AI 存在主观上的偏见或者不了解,在向用户提供主观维度负向反馈时,反馈来源(AI vs. 人)可能引起用户感知上的差异。提高 AI 系统透明度(transparency)可能是解决该类问题的有效方法(Rzepka et al.,2018)。IS 领域的研究发现,当用户仅获得来自信息系统的结果反馈,而没有获得相应的解释信息时,他们很难对信息系统的表现进行评价和判断(Dhaliwal et al.,1996;Wang et al.,2007)。如果对系统的某些重要方面给出适当的解释,可以增强系统的透明度(transparency),进而提高用户对系统的信任,促进用户对系统知识的吸收和利用(Wang et al.,2007)。例如,Dhaliwal et al.(1996)通过分析指出,基于知识的系统(knowledge-based systems)在支持用户决策过程中给出的推理过程解释能提高用户决策质量。Wang et al.(2007)通过实验发现,在与智能推荐系统交互的过程中,可以向被试提供过程(how)、原因(why)和取舍(trade-off)三类解释,增强被试对推荐系统胜任力(competence)、善意(benevolence)和真诚(integrity)等维度的信任感知。用户认为对推理过程进行说明的推荐系统具有更高的信息性(informativeness)和趣味性(enjoyment),他们将更愿意接受该信息系统,且对自己的决策有更高的评价(Xu et al.,2014)。

参考系统透明度相关研究,本章研究首先考虑向用户介绍 AI 给出任务表现反馈的具体过程,即提高系统的过程透明度(procedure transparency)带来的影响。此外,本章研究还考虑向用户解释 AI 在同类任务中的表现,以提高系统结果透明度(outcome transparency)。其中,过程透明度关注对 AI 决策/评价过程的解释,而结果透明度则强调对 AI 能力的介绍。Yeomans et al.(2019)在研究中提出,用户更倾向于采纳人而不是算法推荐的笑话,主要是因为他们能很好地理解人的决策过程,但不能完全理解算法的判断逻辑。因此,提高 AI 算法的过程透明度能向用户传递 AI 给出评价的具体过程和方法,有助于加强用户对 AI 工作逻辑的理解,进而增强用户对 AI 给出反馈的信心和接受程度,消除人们收到不同反馈来源(人或 AI)主观维度负向反馈时的感知差异。与此同时,Castelo et al.(2019)则提出,人们对算法具备能力的认知会影响他们对算法的信任和使用。人们认为,算法能够具备认知推理能力,但不擅长完成基于主观理解和体验能力的任务(Castelo et al. 2019)。但是,研究证明,用户的这一感知并不准确。算法目前已经具备完成诸如绘画创作(Quackenbush,2018)、诗歌和音乐创作(Deahl,2018;Gibbs,2016)、识别用户情绪(Goasduff,2017)等主观性强、对感知能力要求较高的任务。因此,向用户提供 AI 在类似任务中表现的解释能增进用户对 AI 能力的理解(Castelo et al.,2019),进而消除用户对不同来源反馈感知的差异。基于上述分析,本章研究提出下列两个假设。

假设 2:对主观维度的负向反馈,增强 AI 反馈的过程透明度能提高用户对反馈公平性、可靠性和满意度的感知。

假设 3:对主观维度的负向反馈,增强 AI 反馈的结果透明度能提高用户对反馈公平性、可靠性和满意度的感知。

5.3 实验一:不同学习反馈对用户感知的影响

5.3.1 实验设计

为了验证反馈来源、反馈效价和反馈维度三个反馈特征如何交互影响用户对反馈的感知,本章研究采用 2(反馈来源:人 vs. AI)×2(反馈效价:正向 vs. 负向)×2(反馈维度:主观 vs. 客观)的组间因子设计。实验设计和开展过程的重点和难点在于设计出合适的学习任务,以便被试自然地接受对任务反馈维度(对相对主观或客观的任务给出反馈)的操纵。通过对反馈相关文献的回顾和用户预调研,本章研究最终设计出学习场景中相对客观的任务:在被试完成基础心理学概念学习后,请被试用自己的方式尽可能准确地给出某个心理学概念的定义。一般来讲,对某个概念给出相应的定义是领域中已经达成的共识。对定义准确度的评价具有相对客观、可供参考的标准。评价过程中可以通过判断被试给出的定义是否提及该概念的核心内涵来判断定义的准确度。与客观任务的设计相对,实验中相对主观的任务为:请被试围绕学习的心理学概念,从生活实践中给出尽可能新颖的示例对该心理学概念进行解释说明。对示例新颖性的评价一般没有统一的标准,给出的评价结果往往因人而异,因此给出的评价信息也具有更强的主观性(Yeomans et al. , 2019)。

本章研究首先从美国亚马逊 MTurk 平台招募年龄超过 18 岁且听说过 AI 的被试参与实验。实验共包括两个阶段,每个阶段平均持续 20 分钟,被试按照要求完成每个阶段的实验任务都可以获得 2 美元报酬。在第一阶段的实验中,所有被试需要按要求完成相同的学习任务。首先,被试需要在实验网页(Qualtrics. com)学习一段持续 3 分钟的心理学概念——乐观偏差(optimism bias)——的介绍视频。该视频由一位主讲人介绍乐观偏差的定义以及生活中与该概念相关的案例。被试在学习过程中可以暂停、回放该视频,他们还可以在该实验网站记笔记以便完成实验任务时参考(实验网页上明确告知被试,他们在观看视频时记录的笔记可供完成后一阶段实验任务时参考)。在看完学习视频后,被试接下来需要通过注意力检验,从 4 个选项中选择视频中介绍的心理学概念。通过被试对该问题的回答,可以初步排除没有认真学习实验视频的被试。对于通过注意力检验的被试,他们可以开始完成实验任务。首先,被试需要用自己的语言概括在视频中学习的心理学概念的定义,并且给出的定义要尽可能准确;同时,被试需要列举一个自己认为最新颖的例子来解释该概念(例子不能与视频中介绍的例子相同)。在完成实验任务的过程中,被试可以参考学习视频时记下的笔记。当被试提交实验任务的答案后,实验网站将告诉被试,他们将在 24 小时后通过邮件收到实验任务表现的评价和第二阶段实验的链接。

实验助理在实验的第二阶段开始时对被试进行操纵。第二阶段实验开始前,实验助理将按要求完成第一阶段实验任务的被试随机分到 8 个实验组。8 组被试在人口统计变量包括性别、年龄、学历和在线学习经验上均不存在显著差异。在不同实验组,被试分别被告知"MTurk 上招募的工作人员"或者"专为本实验开发的 AI 系统"对所有被试提交的答案进行了分析(对反馈来源的操纵),并给出每位被试如下反馈(每位被试收到其中一种反馈):"你对 optimism bias 概念给出定义的准确度在所有答案中位于前 20%",或"你对 optimism bias 概念给出定义的准确度在所有答案中位于后 20%",或"你说明 optimism bias 概念给出例子的新颖性在所有答案中位于前 20%"或"你说明 optimism bias 概念给出例子的新颖性在所有答案中位于后 20%"(实验网页截图详见附录 C)。被试在收到反馈信息的实验页面停留 10 秒后,回答 3 个注意力测试问题。通过注意力测试的被试可以继续回答关于感知反馈公平性、可靠性和满意度等问题(具体调查题项见附录 C)。完成调查问题后,实验助理请被试再次观看同一个学习视频,并请被试完成相同的实验任务,即用自己的语言给出所学概念的定义且给出最新颖的例子解释该概念。

5.3.2 实验结果

在第一阶段实验中,共 480 位被试通过注意力测试且按照要求完成实验任务。在这 480 位被试中,共有 279 位被试完成第二阶段实验任务且通过注意力测试。实验量表的 KMO 值为 0.880,Bartlett 检验结果 $p < 0.001$,说明样本数据适合进行因子分析。验证性因子分析结果见表 5-1。从结果可以看出,3 个结果变量——感知反馈公平性(fairness)、可靠性(credibility)和满意度(satisfaction)——之间有较好的区分度。进一步,本章研究对量表信度和效度进行分析,结果见表 5-2。从表 5-2 的结果可以看出,变量的 Cronbach's Alpha 得分均大于 0.8,说明量表的信度良好。另外,表 5-2 后 3 列对角线上的数值为 AVE 得分,其他数值为变量间相关系数,从结果可以看出,3 个变量的区分效度是可以接受的。

表 5-1　实验一验证性因子分析结果

测度项	Factor 1	Factor 2	Factor 3
Fairness 1	0.45	**0.79**	0.36
Fairness 2	0.33	**0.83**	0.42
Credibility 1	**0.79**	0.39	0.36
Credibility 2	**0.84**	0.32	0.34
Satisfaction 1	0.36	0.47	**0.76**
Satisfaction 2	0.43	0.36	**0.79**

表 5-2　变量的信度和效度

变　量	Cronbach's Alpha	Fairness	Credibility	Satisfaction
Fairness	0.95	**0.81**		
Credibility	0.90	0.79	**0.81**	
Satisfaction	0.92	0.84	0.80	**0.78**

基于实验收集的数据,本章研究首先借助 T 检验分析实验中分别由 AI 或人向被试提供正向任务表现反馈时,被试对反馈公平性、可靠性和满意度的感知是否存在显著差异。对比由 AI 或人提供正向反馈(将主观维度正向反馈和客观维度正向反馈根据不同反馈来源进行整合)的实验组结果,可以发现由 AI 提供正向反馈的感知公平性($M_{公平性} = 5.92$,$SD_{公平性} = 0.87$)与由人提供正向反馈的感知公平性($M_{公平性} = 5.76$,$SD_{公平性} = 1.15$)不存在显著差异($p > 0.1$)。同时,被试对 AI 提供任务反馈的可靠性感知($M_{可靠性} = 5.09$,$SD_{可靠性} = 1.42$)与被试对人提供任务反馈的可靠性感知($M_{可靠性} = 5.15$,$SD_{可靠性} = 1.15$)也不存在显著差异

($p>0.1$)。对于正向反馈,与其他结果一致,用户对 AI 或人给出任务反馈满意度的感知($M_{满意度}=5.78,SD_{满意度}=0.95$ vs. $M_{满意度}=5.82,SD_{满意度}=1.06$)之间不存在显著差异($p>0.1$)。

在此基础上,本章研究对主观维度和客观维度上的正向任务反馈进行区分,分别对比 AI 与人提供的不同维度正向反馈是否引起被试感知上的差异(结果见表 5-3 第 1~4 行)。从表 5-3 中的结果可以看出,无论由 AI 还是人提供反馈,用户对正向反馈的公平性、可靠性和满意度感知都高于对负向反馈的相应感知。与文献中的发现一致,用户对反馈的感知具有很强的主观性,反馈效价会显著影响用户对反馈的不同维度感知。具体而言,在主观维度上(对被试给出例子的新颖性进行评价并给出反馈),被试对 AI 提供的正向反馈公平性的感知($M_{公平性}=5.71,SD_{公平性}=0.88$)与被试对人提供正向反馈公平性的感知($M_{公平性}=5.44,SD_{公平性}=1.36$)间不存在显著差异($p>0.1$)。针对反馈感知可靠性,被试对 AI 提供反馈($M_{可靠性}=4.65,SD_{可靠性}=1.48$)和人提供反馈的感知($M_{可靠性}=4.83,SD_{可靠性}=1.65$)也不存在显著差异($p>0.1$)。最后,两组被试对由 AI 或人提供的主观维度正向反馈满意度的感知不存在显著差异($M_{满意度}=5.60,SD_{满意度}=1.05$ vs. $M_{满意度}=5.53,SD_{满意度}=1.20,p>0.1$)。

与上述分析思路一致,本章研究也分析了被试对客观维度 AI 和人给出的正向反馈(对被试解释定义的准确度进行评价并反馈)的感知并进行了比较。分析发现,AI 提供的正向反馈带来用户反馈公平性的感知($M_{公平性}=6.13,SD_{公平性}=0.82$)与由人给出相同反馈带来的公平性感知($M_{公平性}=6.07,SD_{公平性}=0.80$)间不存在显著差异($p>0.1$)。针对感知反馈可靠性,被试对 AI 和人提供的客观维度正向反馈的感知也不存在显著差异($M_{可靠性}=5.51,SD_{可靠性}=1.24$ vs. $M_{可靠性}=5.46,SD_{可靠性}=1.07,p>0.1$)。与上述结果一致,被试对 AI 和人提供的客观维度正向反馈的满意度感知也不存在显著差异($M_{满意度}=5.94,SD_{满意度}=0.82$ vs. $M_{满意度}=6.09,SD_{满意度}=0.82,p>0.1$)。

表 5-3 实验一实验结果分组统计

组别	Fairness	Credibility	Satisfaction
AI 提供主观维度正向反馈	5.71(0.88)	4.65(1.48)	5.60(1.05)
人提供主观维度正向反馈	5.44(1.36)	4.83(1.65)	5.53(1.20)
AI 提供客观维度正向反馈	6.13(0.82)	5.51(1.24)	5.94(0.82)
人提供客观维度正向反馈	6.07(0.80)	5.46(1.07)	6.09(0.82)
AI 提供主观维度负向反馈	3.21(1.68)	3.11(1.81)	3.11(1.63)
人提供主观维度负向反馈	4.63(1.62)	3.98(1.64)	3.96(1.81)
AI 提供客观维度负向反馈	3.09(1.88)	3.41(2.11)	3.03(2.03)
人提供客观维度负向反馈	3.39(1.84)	2.93(1.81)	3.17(2.08)

此外,本章研究在分析中指出,负向的任务表现反馈会促使被试将结果归因于外部因素,因此反馈来源更可能引起用户感知的显著差异。由于人们普遍认为 AI 和人都擅长给出对相对客观的任务进行评价(给出客观维度的任务表现评价),因此研究认为被试感知由 AI 或人给出的客观维度上的负向反馈在公平性、可靠性和满意度 3 个维度的感知上不存在显著差异。本章研究通过 T 检验发现,相比于被试对 AI 提供的客观维度负向反馈公平性的感知($M_{公平性}=3.09,SD_{公平性}=1.88$),被试对人提供的客观维度负向反馈公平性的感知($M_{公平性}=3.39,SD_{公平性}=1.84$)不存在显著差异($p>0.1$)。被试对 AI 和人提供的客观维度负向反馈可靠性的感知也不存在显著差异($M_{可靠性}=3.41,SD_{可靠性}=2.11$ vs. $M_{可靠性}=$

$2.93, SD_{可靠性} = 1.81, p > 0.1$)。与之类似,针对反馈满意度的感知,被试对 AI 和人提供的客观维度负向反馈的感知也不存在显著差异($M_{满意度} = 3.03, SD_{满意度} = 2.03$ vs. $M_{满意度} = 3.17, SD_{满意度} = 2.08, p > 0.1$)。

在对上述数据分析结果进行探索的基础上,本章研究进一步对假设 1 进行验证。假设 1 主要关注由 AI 或人向被试提供主观维度负向反馈时引起被试感知的差异。数据分析的结果显示,将 AI 提供主观维度负向反馈实验组数据与人提供主观维度负向反馈实验组数据相比,发现被试感知由 AI 提供相同反馈的感知反馈公平性($M_{公平性} = 3.21, SD_{公平性} = 1.68$)显著低于由人提供相同反馈的感知反馈公平性($M_{公平性} = 4.63, SD_{公平性} = 1.62, p < 0.01$)。与上述结果一致,被试感知由 AI 提供相同反馈的感知反馈可靠性($M_{可靠性} = 3.11, SD_{可靠性} = 1.81$)显著低于由人提供相同反馈的感知反馈可靠性($M_{可靠性} = 3.98, SD_{可靠性} = 1.64, p = 0.05$)。最后,被试感知由 AI 提供相同反馈的感知反馈满意度($M_{满意度} = 3.11, SD_{满意度} = 1.63$)显著低于由人提供相同反馈的感知反馈满意度($M_{满意度} = 3.96, SD_{满意度} = 1.81, p = 0.05$)。基于上述数据分析结果,假设 1 得到支持。

为了进一步对实验结果进行可视化展示,图 5-1 展示了 8 组被试对反馈公平性的评价。其中灰色条形图表示由 AI 给出任务表现反馈时被试对反馈公平性的评价,黑色条形图表示由人给出任务表现反馈时被试对反馈公平性的评价。从图 5-1 可以看出,当被试收到来自 AI 或人的主观维度正向反馈和客观维度正向反馈时,他们对反馈公平性的评价相对较高,且对来自 AI 或人的反馈的公平性的感知不存在明显差别。当被试收到来自 AI 或人的客观维度负向反馈时,他们对反馈公平性的感知较低,但差别不大。当收到主观维度负向反馈时,他们对由人给出反馈的公平性的评价明显高于对 AI 给出反馈的评价。根据相同的分析思路,图 5-2 展示了 8 组被试对反馈可靠性的评价,图 5-3 展示了 8 组被试对反馈满意度的评价。从图 5-2 和图 5-3 可以看出,与被试对反馈公平性感知的评价结果类似,当收到主观维度负向反馈时,他们对由人给出的反馈可靠性和满意度的评价明显高于对 AI 给出的相同反馈的评价。

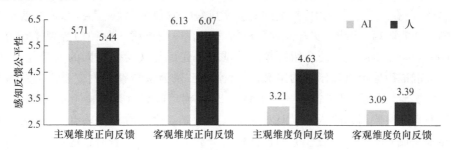

图 5-1　不同组别用户感知反馈公平性对比

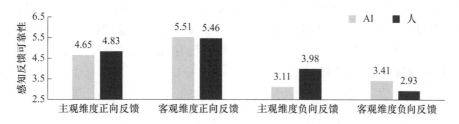

图 5-2　不同组别用户感知反馈可靠性对比

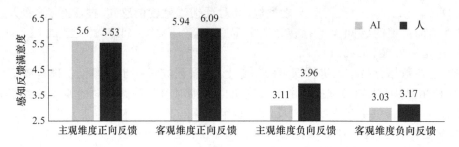

图 5-3　不同组别用户感知反馈满意度对比

5.4　实验二：引入反馈透明度对用户感知的影响

实验一的分析结果显示，当向被试提供主观维度负向的任务表现反馈时，相比于由人给出的反馈，用户感知 AI 给出的相同反馈带来更低的感知公平性、可靠性和满意度。基于上述研究发现，结合信息系统透明度相关研究，本节将进一步验证是否可以通过解释 AI 或人的评价过程或在类似任务中的表现来消除这种感知差异。

5.4.1　实验设计

基于实验一的分析结果，本节介绍的实验采用 2（反馈来源：AI vs. 人）×3（透明度：过程透明度 vs. 结果透明度 vs. 控制组）的组间因子设计。首先，从亚马逊 MTurk 平台招募年龄大于 18 岁、听说过 AI，且没有参加第一次实验的被试完成预实验。在此基础上，从中国多所高校招募被试完成正式实验。实验过程与实验一类似，包括两个实验阶段，每个阶段持续 20 分钟左右。在预实验中，被试按要求完成每一阶段的实验任务，都可以获得 2 美元实验报酬。在实验第一阶段，实验助理要求被试观看一段持续 3 分钟的心理学概念——乐观偏差（optimism bias）——的介绍视频。被试之后完成与实验一相同的实验任务，即用自己的话尽可能准确地给出该概念的定义，并列举自己认为最新颖的例子来说明该概念。完成第一阶段实验任务后，被试被告知他们将在 24 小时后收到对其实验任务表现的评价。

实验助理在实验第二阶段开始时对被试进行操纵。第二阶段实验开始前，实验助理先将按照要求完成实验第一阶段任务的被试随机分到 6 个实验组。通过随机分组，确保每组被试（两两比较）的性别、年龄、学历和在线学习经验等基本信息不存在显著差异。在实验操纵过程中，通过实验网页首先对 6 个组的每位被试给出相同反馈："你给出例子的新颖性在所有答案中排名为后 20％"。同时，实验通过告知被试以下信息来操纵任务反馈的来源："MTurk 上的某个工作人员"[①] 或者"专为本实验开发的 AI 系统"对所有被试提交的答案进行了分析；对操纵为过程透明度的两个小组，在告知被试具体反馈信息前，先通过一张图片

---

① 实验二的预实验在 MTurk 平台完成，实验过程中操纵为人提供任务反馈时告知被试"MTurk 上的某个工作人员"对所有被试提交的答案进行了分析。实验二的正式实验在中国多所高校招募被试完成，实验过程中操纵为人提供任务反馈时告知被试"从在校学生中招募的实验助理"对所有被试提交的答案进行了分析。

展示人或者 AI 给出该反馈的具体过程(具体展示内容见附录 C 中图 C-7);对操纵为结果透明度的两个小组,在告知被试反馈信息前,先通过一张图片展示人或者 AI 给出类似反馈的结果准确度。在研究中,结合现有自然语言处理算法的表现,AI 的文本理解能力已经非常接近人的水平,90%是判断算法可接受性的常用标准。[①]因此,本章研究将结果透明度操纵为"该工作人员/AI 算法在相似评价任务中给出评价的准确率为 90%左右"(实验网页截图见附录 C 中图 C-8)。被试在反馈信息页面停留 10 秒后,回答 3 个注意力测试问题。通过注意力测试的被试可以继续回答关于感知反馈公平性、可靠性和满意度相关的测量问题。完成调查问题后,实验助理请被试再次观看同一个学习视频并再次完成第一阶段的实验任务。

5.4.2 实验结果

在预实验中,完成第一阶段实验任务且通过注意力测试的被试共 162 位。这些被试中,完成第二阶段任务且通过注意力测试的被试共 104 位。其中,在"AI 提供反馈""AI 提供反馈+过程透明度""AI 提供反馈+结果透明度""人提供反馈""人提供反馈+过程透明度"和"人提供反馈+结果透明度"等实验组的被试人数分别为 17 人、18 人、18 人、17 人、17 人和 17 人。

在完成实验二预实验后,本节先对实验过程中使用量表的信度和效度进行分析。表 5-4 展示了预实验验证性因子分析的结果。从该结果可以看出,量表变量间能够很好地区分,量表区分效度良好。表 5-5 进一步展示了不同变量 Cronbach's Alpha 得分、变量相关系数和 AVE。相关结果与实验一的结果一致,表明研究中用的量表的信度和效度可以接受。

表 5-4 实验二预实验验证性因子分析结果

测度项	Factor 1	Factor 2	Factor 3
Fairness 1	0.39	**0.80**	0.41
Fairness 2	0.39	**0.83**	0.37
Credibility 1	**0.82**	0.39	0.30
Credibility 2	**0.83**	0.31	0.36
Satisfaction 1	0.34	0.32	**0.86**
Satisfaction 2	0.36	0.46	**0.78**

表 5-5 实验二预实验中量表的信度和效度

变 量	Cronbach's Alpha	Fairness	Credibility	Satisfaction
Fairness	0.97	**0.82**		
Credibility	0.90	0.78	**0.81**	
Satisfaction	0.94	0.80	0.75	**0.82**

---

① https://medium.com/datadriveninvestor/the-99-accurate-machine-learning-algorithms-you-shouldnt-buy-77fb6a86b436。

完成信度、效度分析后，本节进一步分析了预实验的操纵检验结果。具体而言，对参与每组实验的被试，看完任务反馈信息后，首先让他们回答两个问题：①我很清楚给出反馈的人/算法评价结果的准确度；②我很清楚给出反馈的人/算法得出反馈结论的过程。根据被试对上述两个问题的回答进行操纵检验。表5-6给出实验操纵检验的结果。从该表可以看出实验的操纵设计是成功的，即向被试解释AI或人对举例创新性进行评价的过程时用户感知过程透明度（procedure transparency）打分显著高于其他实验组（$p < 0.01$）；告知被试AI或人在相似任务中表现的信息能有效增强用户对获得反馈的结果透明度（outcome transparency）的感知（$p < 0.01$）。

表5-6　实验二预实验操纵检验结果

组别	Procedure Transparency	Outcome Transparency
AI提供反馈	3.12	3.82
AI提供反馈＋过程透明度	**4.17**	3.72
AI提供反馈＋结果透明度	3.00	**5.06**
人提供反馈	2.06	3.00
人提供反馈＋过程透明度	**5.06**	3.24
人提供反馈＋结果透明度	2.71	**5.06**

在此基础上，本节进一步对比了预实验中不同组别被试对反馈公平性、可靠性和满意度的感知（结果见表5-7）。本节在验证实验数据是否能够重复实验一中的部分时，即当被试获得主观维度负向任务表现反馈时，相比于人给出的反馈，被试在感知由AI给出的反馈时具有更低的感知公平性、可靠性和满意度。根据表5-7中第1行和第3行的结果，比较"AI提供反馈"组和"人提供反馈"组的结果，反向被试对反馈公平性和满意度的感知与实验一结果变化方向一致，但差异不显著。进一步比较发现，与仅提供AI给出的反馈相比，向被试解释AI评价的过程和评价结果表现能有效提高被试对反馈公平性、可靠性和满意度的感知。但是，可能由于样本量较小，部分变化并不显著。

表5-7　实验二预实验结果分组统计

组别	Fairness	Credibility	Satisfaction
AI提供反馈	3.03(1.18)	2.59(1.27)	2.03(1.17)
AI提供反馈＋过程透明度	3.92(1.66)	3.64(1.46)	2.83(1.73)
AI提供反馈＋结果透明度	3.75(1.61)	3.47(1.76)	3.08(2.03)
人提供反馈	3.41(0.87)	2.41(0.97)	2.62(1.34)
人提供反馈＋过程透明度	5.09(2.10)	4.24(1.94)	3.97(1.82)
人提供反馈＋结果透明度	4.09(1.67)	4.15(1.54)	3.56(1.71)

为了进一步验证预实验结果，实验助理在中国多所高校招募被试开展正式实验。正式实验流程与实验二中的预实验流程完全相同，完成两个阶段实验任务的被试最终可以获得30元实验报酬。最终，235位被试按要求完成第一阶段实验任务，204位被试按要求完成第二阶段的实验任务。其中，在"AI提供反馈""AI提供反馈＋过程透明度""AI提供反馈＋

结果透明度""人提供反馈""人提供反馈＋过程透明度"和"人提供反馈＋结果透明度"等实验组完成实验的被试人数分别为 34 人、38 人、31 人、31 人、37 人和 33 人。分析发现,实验数据的信度、效度较好,实验操纵成功。相关结果见附录 C 中的表 C-1、表 C-2 和表 C-3。实验二中各实验组被试感知的描述统计主要结果见表 5-8。

从表 5-8 的结果可以看出,与实验一结果一致,相比于由人提供主观维度负向反馈,被试对 AI 提供的相同反馈的感知公平性($p＝0.01$)和满意度($p＝0.02$)显著更低,对反馈可靠性的感知与实验一结果方向一致,但差异不显著($p＝0.23$)。本节进一步关注由 AI 提供主观维度负向反馈的 3 个实验组,通过数据分析可以发现向被试解释 AI 给出反馈的过程能显著提高他们对反馈公平性($p＝0.00$)和满意度($p＝0.02$)的感知。虽然感知反馈可靠性的变化与假设方向一致,但不显著($p＝0.29$)。与此同时,向被试提供 AI 完成类似任务结果准确度的信息也能显著提高被试对反馈公平性($p＝0.00$)、可靠性($p＝0.07$)和满意度($p＝0.03$)的感知。因此,本章研究的假设 2 部分得到支持,假设 3 得到支持。

表 5-8　实验二正式实验结果分组统计

组别	Fairness	Credibility	Satisfaction
AI 提供反馈	3.68(1.05)	3.44(1.03)	3.25(1.18)
AI 提供反馈＋过程透明度	4.66(1.33)	3.75(1.38)	3.88(1.33)
AI 提供反馈＋结果透明度	4.74(1.02)	4.00(1.15)	3.90(1.16)
人提供反馈	4.50(1.98)	3.81(1.19)	3.95(0.97)
人提供反馈＋过程透明度	4.32(1.45)	3.92(1.35)	4.01(1.24)
人提供反馈＋结果透明度	5.26(0.94)	4.20(1.12)	4.54(1.06)

5.5　结 果 讨 论

5.5.1　主要发现

随着智能技术水平的提高,智能系统的一个典型应用场景是替代人对用户的学习表现进行评价。本章研究希望探讨在在线学习情境中 AI 或人给出的不同学习任务反馈对用户感知反馈公平性、可靠性和满意度的影响是否存在差异。在此基础上,本章研究还进一步分析了如何通过反馈特征(反馈过程透明度和反馈结果透明度)的设计来消除用户的感知差异。通过从亚马逊 MTurk 平台招募被试开展在线实验(实验一),研究发现,相比于由人给出主观维度负向任务反馈,用户感知 AI 给出的相同反馈具有显著更低的感知反馈公平性、可靠性和满意度。此外,用户对来自人或 AI 的正向反馈(包括主观维度正向反馈和客观维度正向反馈)和客观维度负向反馈的公平性、可靠性和满意度的感知均不存在显著差异。进一步,通过从国内高校招募被试完成在线实验(实验二),研究发现可以借助对 AI 给出反馈过程的说明或提供 AI 反馈结果准确度相关信息来提高用户对反馈公平性和满意度的感知。

5.5.2　理论贡献及实践启示

本章研究对反馈相关文献有所贡献。文献回顾发现,现有研究分别在教育、商务等多个领域从个人或组织的角度验证了反馈信息带来的重要影响,它们重点关注反馈来源特征(如来源可信度、来源角色等)、反馈效价、反馈时机和反馈渠道带来的影响(Bannister, 1986; Hoever et al., 2018; Lechermeier et al., 2018)。相关研究主要向用户提供相对客观的任务表现反馈。作为补充,本章研究关注技术发展过程中出现的新的反馈信息来源——AI,并且基于 AI 研究相关文献(Castelo et al., 2019; Yeomans et al., 2019),引入反馈维度区分反馈关注的任务类型(相对主观或客观的任务)。研究结果表明,在为用户提供主观维度负向反馈时,用户感知 AI 提供反馈(相比于人提供的反馈)的公平性、可靠性和满意度更低。

此外,本章研究结果丰富了 AI 应用相关研究。随着 AI 技术的广泛应用,现有研究逐渐关注 AI 与人在提供医疗服务、电话营销、就餐服务等场景中带来的影响的差异(Dietvorst et al., 2015; 2018; Longoni et al., 2019; Luo et al., 2019)。本章研究关注提供学习反馈这一 AI 擅长的领域,并深入探究了 AI 与人提供不同特征的反馈如何影响用户的感知。另外,本章研究结合信息系统透明度(Dhaliwal et al., 1996; Wang et al., 2007)和 AI 相关研究发现(Castelo et al. 2019; Yeomans et al. (2019),首次对 AI 提供反馈的过程透明度和结果透明度进行了区分,验证了可以通过解释 AI 评价过程和 AI 完成类似任务结果准确度来提高用户对 AI 提供反馈的公平性、可靠性和满意度的感知。

本章研究结果还具有一定的实践意义。本章研究考虑了反馈来源、反馈效价和反馈维度3个反馈相关特征交互形成的不同反馈如何影响用户的感知,这部分分析结果能帮助在线学习平台识别出 AI 更适合在哪类场景中为用户提供反馈。受用户对 AI 能力等主观认知的影响,用户感知 AI(相比于人)给出的主观维度负向反馈的公平性、可靠性和满意度显著更低。因此,如果在线学习平台希望直接向用户提供任务表现反馈,可以考虑由人给出主观维度的负向反馈。本章研究还发现,可以通过对 AI 反馈的设计,如在提供反馈信息的过程中,向用户解释 AI 评价的过程或 AI 在类似任务中的表现来提高用户的感知。该研究结果能帮助在线学习平台从用户感知角度优化反馈功能的设计。

5.5.3　研究不足及未来研究方向

本章研究也存在不足之处。首先,本章研究仅关注用户对来自 AI 或人的反馈感知的差异,实验操纵过程中并没有考虑用户的真实任务表现,且提供的 AI 或人给出的反馈内容完全相同。在实际应用过程中,AI 或人生成的反馈具有各自的特点。例如,来自人的反馈表达方式可能更多元,用词可能体现个人特点甚至个人喜好。与之相对,AI 给出的反馈相对更模式化且语气更加中性(不带感情色彩)。其次,用户在实验任务中的真实表现以及来自 AI 或人的反馈内容在表达上的差异性可能会影响用户对反馈的感知以及后续学习行为,这值得进一步研究。例如,根据现有的实验设计,实验期间投入度较高、任务完成质量较高的被试有可能收到负向的任务表现反馈。相应反馈可能会为被试带来较低的反馈公平性、可靠性和满意度的感知。再次,本章研究仅关注不同反馈信息对用户感知的影响,没有分析不同反馈对用户后续学习行为的影响。后续研究可以考虑丰富实验设计,对比用户在收到来自 AI 或人的反馈后在持续学习投入、持续学习行为和最终学习表现上是否存在显著差异。最后,本章研究主要关注由 AI 或人独立给出学习任务反馈带来的影响。如何通过人与 AI 的分工协作来提供任务表现反馈值得后续研究的进一步关注。在未来,也可以进一步探讨研究结论存在的边界条件。例如,学习任务难度、用户对 AI 的熟悉程度等能否调节反馈来源对用户感知的影响。

本 章 小 结

准确及时的学习表现反馈是用户在学习过程中所获得的重要信息。随着智能技术水平的逐步提高,AI 逐渐被用于替代人向用户提供学习反馈。这有助于解决在线学习系统中用户无法获得及时的个性化反馈的难题。基于这一应用场景,本章研究借助在线实验的方式,探索相比于人给出的学习表现反馈,来自 AI 的不同维度(主观或客观)以及不同效价(正向或负向)的反馈如何影响用户对反馈公平性、可靠性和满意度的感知。研究结果显示,用户对由人或 AI 给出正向的反馈(无论主观维度或客观维度)在公平性、可靠性和满意度的感知不存在显著差异;用户对由人或 AI 给出的客观维度的负向反馈,对反馈公平性、可靠性和满意度的感知不存在显著差异;相比于由人给出的主观维度的负向反馈,用户在收到由 AI 给出的相同反馈时,显著感知到更低水平的反馈公平性、可靠性和满意度。基于上述实验结果,本章研究进一步借助在线实验验证是否可以通过对 AI 反馈过程透明度和结果透明度的操纵来提高用户对 AI 给出反馈的感知。实验结果显示,对主观维度负向反馈,通过解释 AI 给出反馈的过程和 AI 在类似任务中的结果表现,用户感知到的反馈公平性、可靠性和满意度得到了显著提升。相关研究结果为在线学习系统引入 AI 为用户提供反馈的功能设计提供了重要参考。

第 6 章

结　语

随着智能信息技术的快速发展和逐步应用，个体与智能系统间的交互表现出新的特点。智能技术场景下用户与系统的交互特征以及最终交互结果是信息系统领域关注的重要研究议题。智能技术有诸多应用，例如用于支持学习系统实现游戏化竞争设计等新功能。在该情境中，学习系统通过智能算法模拟虚拟竞争对手，帮助提升用户的游戏化体验。深入分析用户在与这类系统交互的过程中如何分配特定的时间和精力到不同功能模块，用户与不同功能模块的特定交互模式如何影响交互结果等问题具有重要的理论和实践意义。本书第 3 章介绍的研究工作借助客观数据分析、实验室实验、实地实验和在线实验共 4 个子实验，逐步探讨了上述研究问题。在客户服务领域，智能技术被逐渐用于替代传统自助服务系统。其中，电话服务中心基于语音识别和自然语言处理等技术构建的智能客服系统也开始替代传统自助客服系统（IVR 系统），带来系统中服务组织方式以及用户与系统交互模式的改变。这些变化如何影响用户行为和系统服务效果？对不同用户群体的影响效果是否一致？本书第 4 章介绍的研究工作将通过构建计量模型，借助对自然实地实验数据的分析来回答相关问题，该部分研究还通过对服务过程中用户与 AI 系统交互的非结构化文本数据的分析，为计量模型的分析结果提供支撑证据。此外，随着系统智能程度的提高，它还可能替代人完成特定的任务（如评价用户学习任务表现）。相比于由人给出的任务表现评价，用户对智能技术给出的相同的评价在感知上是否存在差异？如果存在，如何借助合适的反馈设计来消除这类差异？本书第 5 章的研究工作借助两个实验逐步对这两个问题进行了深入探讨。

6.1　研究总结

本书详细介绍了智能技术/系统应用相关的 3 个研究，具体关注智能技术/系统支持学习系统中游戏化设计、替代电话服务中的自助客服系统和替代人完成学习任务评价 3 个应用场景，围绕不同智能信息系统对个体层面用户行为的影响展开，主要包括以下 3 部分。

本书介绍的第 1 个研究关注系统外部的时间线索如何影响用户与智能在线学习系统中的核心学习模块和游戏化模块的互动和互动效果。基于思维模式理论，该项研究首先分析整点等时间线索的出现如何影响用户开始使用不同功能模块的行为，进而提出这类时间线索的出现如何影响用户使用不同模块的效果。具体而言，整点作为用户进行目标管理的特定时间线索,它的出现会触发用户的目标追求行为和用户的执行式思维模式,用户更可能开始使用核心学习模块,且在学习任务中坚持时间更久,取得更好的学习效果。如果让用户在整点开始使用游戏化模块,则会引起长期价值和短期享乐追求的冲突,触发用户的考虑式思维模式。因此用户不能集中精力使用游戏化模块,感知愉悦性降低。在此基础上,该项研究通过客观数据分析、实验室实验、实地实验和在线实验的结果验证了相关假设。基于对某在线学习平台提供的用户行为数据的分析,该项研究发现整点的出现会激励用户开始使用核心学习模块;与之相对,当远离上一个出现的整点,用户更可能开始使用游戏化模块。整点开始使用核心学习模块与用户使用游戏化学习系统获得的工具型结果(学习效果)显著正相关。进一步,借助实验室实验和实地实验,该项研究重复了部分上述发现,并且对该结果产生的内在影响机制进行了验证。其中,通过实验室实验发现,通过操纵,相比于在随机时间点开始学习任务,当告知被试在"整点"(实际时间点可能并非整点)开始学习任务时,他们能够坚持更长的时间,并取得更好的学习效果。实地实验在重复实验室实验结果的基础上进一步发现,相比于在其他时间点开始使用游戏化模块,用户在整点开始使用游戏化模块的感知愉悦性显著更低。此外,通过在线实验,该项研究还进一步验证了"整点效应"存在的内在机制,并初步探究了学习系统社会临场感增强相关设计对"整点效应"的调节作用。在实践应用中,在线学习平台可以根据该项研究的发现来优化学习系统的提醒功能设计,帮助用户克服学习启动障碍,控制用户对游戏化模块的过度使用,促进用户取得更好的学习效果。

　　本书介绍的第 2 个研究关注应用智能系统替代传统电话客服系统的场景,研究了在客户服务领域中用基于语音的 AI 系统替代传统电话服务中心 IVR 系统所带来的影响。借助自然语言处理和语音识别技术,基于语音的 AI 系统将传统 IVR 系统中服务的组织方式从树型分层结构改变为图型结构。用户不再需要根据 IVR 系统预设的规则逐层多次跳转来获取服务,而是可以借助语音识别技术,直接"告诉"AI 系统自己的服务需求并直接定位到相应服务。这种系统设计有助于提高服务流程的灵活性且更适应用户的需求表达偏好。通过与中国北方某城市移动运营商合作开展实地实验,该项研究借助双重差分模型分析了 AI 系统替代 IVR 系统带来的影响。分析发现,AI 系统的引入存在新颖性效应,会暂时提高用户的机器服务时长与对人工服务的需求。用户在基于语音的交互模式中(相比于 IVR 系统中基于文本的交互模式)卷入度更高,更可能采用礼貌性表达等与需求无关的表述来适应交互系统,这会增加用户的机器服务时长。此外,从长期服务效果来看,虽然基于语音的 AI 系统降低了用户跳转到人工服务的限制,但 AI 系统的引入并没有带来用户对人工服务需求的显著提升。相比于 IVR 系统,AI 系统能够显著提升用户体验,减少用户抱怨。该项研究发现,AI 系统对用户抱怨的影响程度还受到服务任务复杂性和用户使用系统经验的影响。对相对简单的服务需求,AI 系统的引入能够直接提升服务时长,减少用户抱怨,该影响效果与用户使用 AI 系统的经验无关。对相对复杂的服务需求,AI 系统的引入仅能够帮助具有丰富 AI 系统使用经验的用户减少用户抱怨。该项研究还发现 AI 系统带来的影响受到用户性别、年龄和使用 IVR 系统经验的调节。AI 系统语音识别失败也会带来人工服务需求增加和用户抱怨增加等负面影响。该项研究确认了基于语音的 AI 系统的应用为企业带来的价值,揭示了 AI 系统在不同用户群中带来的影响的差异,启示企业可以考虑对不同用户群体进行细分,优先考虑对年龄较大用户、女性用户和资深用户开放 AI 服务系统。企业还可以优化对用户的引导设计,丰富用户对该系统的使用经验,从而增强用户服务体验。

本书介绍的第 3 个研究关注在线学习系统中借助智能系统替代人给出学习任务表现反馈对用户感知的影响。智能技术水平的提高使得智能学习系统逐渐具备理解用户学习表现并给出个性化反馈的能力。在此背景下,该项研究基于归因理论和 AI 相关研究结论,深入比较反馈来源(AI 或人)、反馈效价(正向或负向)和反馈维度(主观或客观)等反馈特征如何交互影响用户对不同反馈的感知。通过从众包平台 MTurk 上招募被试参加两阶段的在线实验,研究发现相比于获得由人提供的主观维度的负向反馈,用户在收到由 AI 给出的相同反馈时会获得更低的感知反馈公平性、可靠性和满意度。对于 AI 或人给出的正向反馈(包括主观维度正向反馈和客观维度正向反馈)以及客观维度负向反馈,用户对反馈公平性、可靠性和满意度上的感知不存在显著差异。在该实验结果的基础上,该项研究进一步设计在线实验,验证是否可以通过提供 AI 反馈的过程和完成类似任务结果准确度的解释,提高用户感知。研究结果显示,增强反馈过程透明度能显著提高用户对 AI 给出反馈的公平性和满意度的感知,增强反馈结果透明度能显著提高用户对 AI 给出反馈的公平性、可靠性和满意度的感知。研究结果为学习平台反馈系统的设计提供了启示,揭示出 AI 给出反馈(相比于人给出反馈)在哪些特定情形下会引起用户感知的差异以及如何通过进一步的反馈信息的设计来消除相应的差异。

通过对以上 3 个独立研究的介绍,本书详细阐述了如何借助客观数据分析、实验室实验和实地实验等不同研究方法逐步开展研究,验证研究假设,并得到研究结论。本书内容有助于帮助信息系统领域的研究生等研究人员学习相关研究方法和数据分析思路,也能帮助他们快速了解信息系统领域中的部分研究话题。

6.2　主要创新点

智能技术的应用带来传统信息系统服务能力或功能的改变,也会相应地引起与之交互的用户的感知和行为的变化。通过分析智能在线学习系统中用户对不同功能模块的使用,分析电话服务中心引入基于语音的 AI 系统替代 IVR 系统对用户行为和服务效果带来的影响,以及对比来自人或 AI 的不同学习任务表现反馈对用户感知的影响,本书介绍的 3 个研究有助于加深读者对智能技术环境下系统与个体交互行为的理解。相关研究的主要创新点可以概括为以下 4 点。

第一,在智能技术支持信息系统实现新功能的研究场景,本书的研究从系统外部视角探讨了普遍存在的情境线索如何影响用户-智能游戏化学习系统的交互及交互结果。现有游戏化学习系统相关文献或者将游戏化学习系统作为一个整体,分析游戏化设计的引入如何影响用户感知、行为和学习效果;或者仅对比特定游戏化要素(如竞争设计、排行榜功能)的不同设计方式带来的影响。已有的相关研究都关注系统内部因素/特征带来的影响。作为拓展,该部分研究从价值提供的角度对智能游戏化在线学习系统中的核心学习模块和游戏化模块进行区分,并进一步分析了普遍存在的整点如何影响用户与游戏化学习系统不同模块的交互行为和交互结果。研究发现,整点的出现会激励用户开始使用核心学习模块,抑制用户对游戏化模块的使用。在整点(相比于其他时间点)开始使用核心学习模块会触发用户的执行式思维模式,进而支持用户在学习过程中坚持更长的时间,取得更好的学习效果。在整点(相比于其他时间点)开始使用游戏化模块会触发用户的考虑式思维模式,让用户从使用游戏化模块的过程中获得更低的感知愉悦性。

第二,在实施智能系统替代传统信息系统的研究场景,本书的研究将 AI 应用相关研究拓展到客户服务领域,并深入分析 AI 系统替代 IVR 系统带来的交互模式和服务流程变化如何影响用户行为和服务效果。现有文献已经探讨了 AI 系统在支持语音购物、推销金融产品、自动监测零售货架等应用场景中对用户的影响,本书第 4 章的研究则关注 AI 系统在提供售后客户服务场景中带来的影响。该部分研究指出,实施 AI 系统替代 IVR 系统使得用户与服务系统的交互模式由基于文本的交互转变为基于语音的交互,这会提高用户在与系统交互过程中的卷入度,增加用户与系统交互过程中的时间投入,促使服务时长变长。借助语音识别技术,AI 系统的引入提高了服务流程的灵活性,有助于减少用户抱怨。上述分析得到了数据分析结果的支持。该部分研究还进一步发现服务需求复杂度、用户与 AI 系统交互经验会显著影响 AI 系统的实施效果,并通过对用户与 AI 系统语音交互内容的分析为上述结果提供可能的解释。

第三,在智能系统替代人完成特定任务的研究场景,本书的研究基于用户对 AI 的主观认知探究了 AI 替代人给出学习任务表现反馈对用户感知的影响。已经有丰富的研究验证了不同领域反馈带来的影响,但这些研究的设计中大多围绕相对客观的任务或表现给出反馈。AI 应用相关研究发现,人们主观认为 AI 更适合处理相对客观、机械化的任务,不擅长处理需要主观知识或感知能力的任务。基于此,该部分研究引入反馈维度对相对主观和相对客观的任务反馈进行区分,并揭示出用户对来自 AI 的主观维度负向反馈(相比于人提供的相同反馈)有显著更低的感知反馈公平性、可靠性和满意度。此外,结合信息系统透明度相关的文献,该部分研究从引起人们对 AI 反馈感知差异的原因出发,提出反馈的过程透明度和结果透明度两类反馈设计特征,并验证了可以通过解释 AI 给出评价的过程和 AI 在类似任务中的表现来提高用户对 AI 给出反馈的感知。

第四,本书介绍的不同研究实现了多种方法和研究理论的融合。本书介绍的研究充分考虑了不同研究方法的特点和适用场景,综合使用了计量分析、实验室实验和实地实验等不同研究方法。其中双重差分模型这类计量方法适用于从自然实验的客观行为数据中验证因果关系;实验室实验有助于研究人员控制环境因素,操纵关注的重要自变量,探究内在影响机制;实地实验的结果则可以提高结论的外部效度。不同研究方法的结合实现了从不同角度验证研究结论并对研究结果给出了可靠的原因解释。在理论分析上,本书介绍的研究充分结合 AI 应用、服务运营、行为经济学、消费者行为等不同领域的理论和研究发现,构建研究框架、提出研究假设,并对研究结果给出了详细的解释。

6.3　未来研究方向

本书介绍的 3 项研究围绕不同智能信息系统与用户的交互开展了初步的探索,并得到部分有意义的结论。随着智能技术应用的不断深入,未来的研究可以从以下几个方面进行拓展。

首先,本书介绍的研究主要聚焦于个体与智能信息系统的交互。在未来,可以进一步考虑从组织或团队层面分析智能技术应用带来的影响或者分析特定组织内用户与 AI 的交互。考虑智能系统的能力特点,组织可能将其引入扮演特定角色或完成特定任务。AI 系统可能在组织或团队中扮演支持者、监督者、合作者等不同角色,这些角色的差异如何影响团队的集体行为和任务表现是值得深入探讨的问题。此外,组织既可以分配智能系统接替团队成员完成的部分工作,让系统扮演与成员合作的角色,也可以让系统与团队成员同时完成相同的任务,让系统扮演与成员相互竞争的角色,智能系统角色的变化也会进一步影响用户的行为表现。如何结合组织行为领域相关的理论和研究方法,深入探讨特定组织范围内智能技术应用带来的影响具有重要的理论价值和实践价值。

其次,本书介绍的研究在探究智能系统对用户感知、行为和行为结果带来影响时,均没有详细讨论智能系统的能力范围,即系统的智能程度带来的影响。在后续研究中,可以设计一些通用的指标,对智能系统的能力进行评估,并判断不同能力水平下用户表现和行为的差异。例如,对基于语音识别技术构建的 AI 系统,在服务过程中语音识别的准确率如何影响用户的服务感知?当用户发现智能系统出现错误时,用户的表现如何?用户在什么情况下会更愿意容忍系统的错误?如何通过恰当的设计,合理管理用户对系统智能能力的期望,进而影响用户的交互体验等研究问题都值得进一步的探讨。

最后,后续研究可以继续完善本书介绍的三项研究,并探讨相关研究结果成立的边界条件。在分析整点影响用户与智能学习系统核心学习模块和游戏化模块交互的研究中,研究发现的整点效应在其他游戏化学习系统、在不同文化背景下是否存在值得进一步验证。未来的研究还可以考虑通过进一步的实验设计,从认知维度验证在整点使用核心学习模块和游戏化模块是否会分别触发用户的执行式思维模式和考虑式思维模式,为整点效应产生的内在机制提供进一步的支撑证据。此外,研究人员还可以从其他视角分析核心学习模块和游戏化模块的关系,探讨如何通过系统设计引导用户使用不同模块来同时提高用户使用系统的工具型结果和体验型结果。在本书第 4 章介绍的研究中,受到数据的限制,研究根据用户是否转接到人工服务来区分对相对简单和复杂的服务。在未来可以考虑获取 IVR 系统服务的细粒度数据,分析 AI 系统代替 IVR 系统在提供不同类别服务时对用户行为和服务效果的影响。除了用户抱怨,研究还可以考虑借助用户满意度等其他重要的指标来衡量服务效果,同时,进一步分析 AI 系统特定的设计特征,如语调语气、是否使用方言等特征带来的影响也具有重要价值。围绕第 5 章介绍的研究,未来可以进一步考虑人或者 AI 评价的任务的难度、用户对领域知识的熟悉程度和用户在任务完成过程中的投入等因素如何调节用户对不同反馈的感知,也可以探讨如何通过人-AI 协作提供任务表现反馈,提高用户对反馈的感知。

参考文献

曹忠鹏，赵晓煜，代祺，2010. 顾客继续使用自助服务技术影响因素研究[J]. 南开管理评论，13(3):90-100.

陈国青，李纪琛，邓泓舒语，等，2020. 游戏化竞争对在线学习用户行为的影响研究[J]. 管理科学学报，23(2):88-103.

陈国青，吴刚，顾远东，等，2018. 管理决策情境下大数据驱动的研究和应用挑战[J]. 管理科学学报，21(7):1-10.

陈国青，曾大军，卫强，等，2020. 大数据环境下的决策范式转变与使能创新[J]. 管理世界，2:95-106.

陈中武，杨超，张宗祥，2013. 基于服务效率的自助服务设施选址模型与算法[J]. 管理学报，10(10):1502-1506.

杜建刚，范秀成，2007. 服务补救中情绪对补救后顾客满意和行为的影响——基于情绪感染视角的研究[J]. 管理世界，8:85-94.

杜建刚，范秀成，2009. 服务消费中多次情绪感染对消费者负面情绪的动态影响机制[J]. 心理学报，41(4):346-356.

杜培枫，2004. 业务外包战略的发展趋势及成因分析[J]. 管理世界，8:144-145.

范秀成，1999. 交互过程与交互质量[J]. 南开管理评论，1:8-13.

范秀成，刘建华，2004. 顾客关系、信任与顾客对服务失败的反应[J]. 南开管理评论，7(6):9-14.

冯芷艳，郭迅华，曾大军，等，2013. 大数据背景下商务管理研究若干前沿课题[J]. 管理科学学报，16(1):1-9.

付常洋，王瑜，肖洪兵，等，2021. 基于深度学习与结构磁共振成像的抑郁症辅助诊断[J]. 智能系统学报，16(3):544-551.

林钟敏，2001. 大学生对学习行为的责任归因[J]. 心理学报，33(1):37-42.

刘源，黄蕴智，2016. 从"想"到"做"——卢比孔模型的解释力和应用[J]. 心理科学，39(3):754-760.

牟颖，王俊峰，谢传柳，等，2010. 大型呼叫中心话务量预测[J]. 计算机工程与设计，31(21):4686-4689,4719.

孙见山，姜元春，陈夏雨，等，2020. 大数据的价值发现:4C 模型[J]. 管理世界，2:129-139.

孙凯，邱凌云，左美云，等，2018. 游戏化对老年人学习 IT 技能的影响:以徽章和故事为例的预探索[J]. 信息系统学报，1：39-49.

孙煜明，1991. 功结果的归因分析——归因理论的跨文化研究[J]. 心理学报，2：176-187.

吴继兰，尚珊珊，2019. 平台学习使用影响因素研究[J]. 管理科学学报，22(3)：21-39.

许为，葛列众，高在峰，2021. 人-AI交互：实现"以人为中心"理念的跨学科新领域[J]. 智能系统学报，16(4)：605-621.

阎俊，胡少龙，常亚平，2013. 基于公平视角的网络环境下服务补救对顾客忠诚的作用机理研究[J]. 管理学报，10(10)：1512-1519.

银成钺，徐晓红，2011. 基于归因理论的顾客对供应链其他成员服务失误的反应研究[J]. 管理学报，8(8)：1213-1220.

张圣亮，杨俊，2009. 基于技术的自助服务顾客满意影响因素研究[J]. 管理学报，6(9)：1245-1249.

中国互联网络信息中心(CNNIC). 中国互联网络发展状况统计报告[R/OL]. [2021-03-21]. http://www.cnnic.net.cn/hlwfzyj/hlwxzbg/hlwtjbg/202102/P020210203334633480104.pdf.

ABRAMOFF M D, LAVIN P T, BIRCH M, et al., 2018. Pivotal trial of an autonomous AI-based diagnostic system for detection of diabetic retinopathy in primary care offices [J]. NPJ Digital Medicine, 1(39)：1-8.

ADDADY M, 2016. Meet ross, the world's first robot lawyer[N/OL]. https://fortune.com/2016/05/12/robot-lawyer/.

ADOMAVICIUS G, BOCKSTEDT J C, CURLEY S P, et al., 2013. Do recommender systems manipulate consumer preferences? [J]. Information Systems Research, 24(4)：956-975.

AGRAWAL A, GANS J S, GOLDFARB A, 2019. Artificial intelligence：The ambiguous labor market impact of automating prediction[J]. Journal of Economic Perspectives, 33(2)：31-49.

AGARWAL R, KARAHANNA E, 2000. Time flies when you're having fun：Cognitive absorption and beliefs about information technology usage[J]. MIS Quarterly, 24(4)：665-694.

AKSIN Z, ARMONY M, MEHROTRA V, 2007. The modern call center：A multi-disciplinary perspective on operations management research [J]. Production and Operations Management, 16(6)：665-688.

AKSIN O Z, CAKAN N, KARAESMEN F, et al., 2015. Flexibility structure and capacity design with human resource considerations[J]. Production and Operations Management, 24(7)：1086-1100.

ALDER G S, AMBROSE M L, 2005. An examination of the effect of computerized performance monitoring feedback on monitoring fairness, performance, and satisfaction [J]. Organizational Behavior and Human Decision Processes, 97(2)：161-177.

ALLEN E J, DECHOW P M, POPE D G, et al., 2017. Reference-dependent preferences：Evidence from marathon runners [J]. Management Science, 63(6)：1657-1672.

ANDERSON E W, 1998. Customer satisfaction and word of mouth[J]. Journal of Service Research, 1(1): 5-17.

ANAIMESH A, PINSONNNEAULT A, YANG S, et al., 2011. An odyssey into virtual worlds: Exploring the impacts of technological and special environments on intention to purchase virtual products[J]. MIS Quarterly, 35(3):789-810.

ANTHES G, 2017. Artificial intelligence poised to ride a new wave[J]. Communications of the ACM 60(7):19-21.

ARMONY M, 2005. Dynamic routing in large-scale service systems with heterogeneous servers[J]. Queueing Systems, 51:287-329.

ASHFORTH B E, FRIED Y, 1988. The mindlessness of organizational behaviors[J]. Human Relations, 41(4):305-329.

AYERS J W, ALTHOUSE B M, JOHSON M, 2014. Circaseptan(weekly) rhythms in smoking cessation considerations[J]. JAMA Internal Medicine, 174(1):146-148.

BACHRACH D G, BENDOLY E, PODSAKOFF P M, 2001. Attributions of the "causes" of group performance as an alternative explanation of the relationship between organizational citizenship behavior and organizational performance [J]. Journal of Applied Psychology, 86(6):1285-1293.

BALASUBRAMANIAN N, LEE J, SIVADASAN J, 2018. Deadlines, workflows, task sorting, and work quality[J]. Management Science, 64(4):1804-1824.

BANNISTER B, 1986. Performance outcome feedback and attributional feedback: Interactive effects on recipient responses[J]. Journal of Applied Psycholog, 71(2): 203-210.

BATESON J E, 1985. Self-service consumer: An exploratory study[J]. Journal of Retailing, 61(3):49-76.

BERAN T N, RAMIREZ-SERRANO A, KUZYK R, et al., 2011. Understanding how children understand robots: Perceived animism in child-robot interaction [J]. International Journal of Human-Computer Studies, 69(7-8):539-550.

BERTSIMAS D, KALLUS N, HUSSAIN A, 2016. Inventory management in the era of big data[J]. Production and Operations Management, 25(12):2002-2013.

BETTENCOURT L A, GWINNER K, 1996. Customization of the service experience: The role of the frontline employee [J]. International Journal of Service Industry Management, 7(2):3-20.

BITNER M J, 1990. Evaluating service encounters: The effects of physical surroundings and employee responses[J]. Journal of Marketing, 54(2):69-82.

BORGES S S, DURELLI V H S, REIS H M, et al., 2014. A Systematic Mapping on Gamification Applied to Education. [C]//In Proceedings of the 29th Annual ACM Symposium on Applied Computing, New York:ACM Press,216-222.

BRANDSTATTER V, FRANK E, 2002. Effects of deliberative and implemental mindsets on persistence in goal-directed behavior[J]. Personality and Social Psychology

Bulletin，28(10):1366-1378.

BRUNING J L，CAPAGE J E，KOZUH G F，et al.，1968. Socially induced drive and range of cue utilization[J]. Journal of Personality and Social Psychology，9（3）：242-244.

BRYNJOLFSSON E，MCAFEE A，2017. The business of artificial intelligence[J]. Harvard Business Review，1-20.

BRYNJOLFSSON E，HUI X，LIU M，2019. Does machine translation affect international trade? Evidence from a large digital platform[J]. Management Science，65（12）：5449-5460.

BUTTNER O B，WIEBER F，SCHULZ A M，et al.，2014. Visual attention and goal pursuit：Deliberative and implemental mindsets affect breadth of attention[J]. Personality and Social Psychology Bulletin，40(10):1248-1259.

CASTANEDA J A，MUNOZ-LEIVA F，LUQUE T，2007. Web acceptance model（WAM）：Moderating effects of user experience[J]. Information & Management，44（4）:384-396.

CASTELO N，BOS M W，LEHMANN D R，2019. Task-dependent algorithm aversion[J]. Journal of Marketing Research，56(5):809-825.

CHAFE W L，1982. Spoken and Written Language[M]. Norwood，NJ：ABLEX Publishing Corporation.

CHANDRAN S，MORWITZ V G，2005. Effects of participative pricing on consumers' cognitions and actions：A goal theoretic perspective[J]. Journal of Consumer Research，32(2):249-259.

CHANG H H，2010. Task-technology fit and user acceptance of online auction[J]. International Journal of Human-Computer Studies，(68):69-89.

CHAO C Y，CHANG T C，WU H C，et al.，2016. The interrelationship between intelligent agents' characteristics and users' intention in a search engine by making beliefs and perceived risks mediators[J]. Computers in Human Behavior，64:117-125.

CHEONG C，CHEONG F，FILIPPOU J，2013. Quick quiz：A gamified approach for enhancing learning[C]// Proce. of 2013 Pacific Asia Conference on Information Systems.

CLARK H H，BRENNAN S E，1991. Perspectives on Socially Shared Cognition[M]. Washington，DC：APA.

COBB S C，2009. Social presence and online learning：A current view from a research perspective[J]. Journal of Interactive Online Learning，8(3):241-254.

CORTI K，GILLESPIE A，2016. Co-constructing intersubjectivity with artificial conversational agents：People are more likely to initiate repairs of misunderstandings with agents represented as human[J]. Computers in Human Behavior，58:431-442.

COWAN B R，BRANIGAN H P，OBREGON M，et al.，2015. Voice anthropomorphism，interlocutor modelling，and alignment effects on syntactic choices in human-computer dialogue[J]. International Journal of Human-Computer Studies, 83:27-42.

CRAMP A, 2011. Developing first-year engagement with written feedback[J]. Active learning in Higher education, 12:113-124.

CROCKER J, VOELKL K, TESTA M, et al., 1991. Social stigma: The affective consequences of attributional ambiguity [J]. Journal of Personality and Social Psychology, 60:218-228.

CUI R, GALLINO S, MORENO A, et al., 2018. The operational value of social media information[J]. Production and Operations Management, 27(10):1749-1769.

CUI R, LI M, ZHANG S, 2021. AI and procurement[J]. Manufacturing & Service Operations Management, 24(1):83-97.

DABHOLKAR P A, 1996. Consumer evaluations of new technology-based self-service options: An investigation of alternative models of service quality[J]. International Journal of Research in Marketing, 13(1):29-51.

DAI H, MILKMAN K L, RIIS J, 2014. The fresh start effect: Temporal landmarks motivate aspirational behavior[J]. Management Science, 60(10):2563-2582.

DAI H, MILKMAN K L, RIIS J, 2015. Put your imperfections behind you: Temporal landmarks spur goal initiation when they signal new beginnings [J]. Psychological Science, 26(12):1927-1936.

DALAL N P, KASPER G M, 1994. The design of joint cognitive systems: The effect of cognitive coupling on performance [J]. International Journal of Human-Computer Studies, 40(4):677-702.

de GROOTE X, 1994. The flexibility of production processes: A general framework[J]. Management Science, 40(7):933-945.

DEAHL D, 2018. How AI-generated music is changing the way hits are made[N/OL]. [2023-03-01]. https://www. theverge. com/2018/8/31/17777008/artificial-intelligence-taryn-southernamper-music.

DEAN D H, 2008. What's wrong with IVR self-service[J]. Managing Service Quality, 18(6):594-609.

DETERDING S, DIXON D, KHALED R, et al., 2011. From game design elements to gamefulness: Defining "gamification"[C]//Proce. of the 15th International Academic MindTrek Conference on Envisioning Future Media Environments. New York: ACM Press.

DHALIWAL J S, BENBAST I, 1996. The use and effects of knowledge-based system explanations: Theoretical foundations and a framework for empirical evaluation[J]. Information Systems Research, 7(3):342-362.

DHAR R, HUBER J, KHAN U, 2007. The shopping momentum effect[J]. Journal of Marketing Research, 44(3):370-378.

DIETVORST B J, SIMMONS J P, MASSEY C, 2015. Algorithm aversion: People erroneously avoid algorithms after seeing them err [J]. Journal of Experimental

Psychology: General, 144(1):114-126.

DIETVORST B J, SIMMONS J P, MASSEY C, 2018. Overcoming algorithm aversion: People will use imperfect algorithms if they can (even slightly) modify them[J]. Management Science, 64(3):1155-1170.

DION K L, 1975. Women's reactions to discrimination from members of the same or opposite sex[J]. Journal of Research in Personality, 9:294-306.

DUCKWORTH A L, MILKMAN K L, LAIBSON D, 2018. Beyond willpower: Strategies for reducing failures of self-control[J]. Psychological Science in the Public Interest, 19(3):102-129.

EILLEEN F, BRENDA G, JULIA B, 1997. The sex of the service provider: Does it influence perceptions of service quality? [J]. Journal of Retailing, 73(3):361-382.

ERAUT M, 2006. Feedback[J]. Learning in Health and Social Care, 5:111-118.

ERIC L, BATESON J, LOVELOCK C H, et al., 1981. Services marketing: New insights from consumers and managers [R]. http://www. msii. clients. bostonwebdevelopment. com/reports/services-marketing-new-insights-from-consumers-and-managers/.

ESTEVA A, KUPREL B, NOVOA R A, et al., 2017. Dermatologist-level classification of skin cancer with deep neural networks[J]. Nature, 542(7639):115-118.

FALLOON G, 2013. Young students using iPads: App design and content influences on their learning pathways[J]. Computers & Education, 68:505-521.

FERREIRA K J, LEE B H A, SIMCHI-LEVI D,2016. Analytics for an online retailer: Demand forecasting and price optimization [J]. Manufacturing & service operations management, 18(1), 69-88.

FOUNTAIN T, MCCARTHY B, SALEH T, 2019. Building the AI-powered organization technology isn't the biggest challenge, culture is[J]. Harvard Business Review, 97(4):62-73.

FREI F X, 2006. Breaking the trade-off between efficiency and service[J]. Harvard Business Review, 84(11):93-101.

FRIEDMAN J, 2016. Explore the pros, cons of gamification in online education[EB/OL]. [2023-03-01]. https://www. usnews. com/education/online-education/articles/2016-02-17/explore-the-pros-cons-of-gamification-in-online-education.

FUJITA K, GOLLWITZER P M, OETTINGEN G, 2007. Mindsets and pre-conscious open-mindednss to incidental information [J]. Journal of Experimental Social Psychology, 43(1):48-61.

GABARRON E, LAU A Y S, WYNN R, 2015. Is there a weekly pattern for health searches on wikipedia and is the pattern unique to health topics? [J]. Journal of Medical Internet Research, 17(12):e286.

GANS N, KOOLE G, MANDELBAUM A, 2003. Telephone call centers: Tutorial, review, and research prospects[J]. Manufacturing & Service Operations Management, 5

(2):79-141.

GANTZ J F, MURRAY G, SCHUBMEHL D, et al. , 2017. A trillion-dollar boost: The economic impact of AI on customer relationship management[R/OL]. [2023-03-01]. https://sfdc. co/AI_IDCReport.

GAUDIELLO I, ZIZBETTI E, LEFORT S, et al. , 2016. Trust as indicator of robot functional and social acceptance. An experimental study on user conformation to iCub answers[J]. Computers in Human Behavior, 61:633-655.

GEFEN D, STRAUB D W, 2004. Consumer trust in B2C e-Commerce and the importance of social presence: Experiments in e-products and e-services[J]. Omega, 32(6): 407-424.

GEORGE G, LAL A M. , 2019. Review of ontology-based recommender systems in e-learning[J]. Computers & Education,142, 103642.

GIBBS S, 2016. Google AI project writes poetry which could make a vogon proud[N/OL].[2023-03-01]. https://www. theguardian. com/technology/2016/may/17/googles-ai-writepoetry-stark-dramatic-vogons.

GOASDUFF L, 2017. Emotion AI will personalize interactions[R/OL].[2023-03-01]. https://www. gartner. com/smarterwithgartner/emotion-ai-will-personalize-interactions/.

GOLLWITZER P M, 1990. Handbook of Motivation and Cognition: Foundations of Social Behavior[M]. New York: Guilford Press.

GOLLWITZER P M, BRANDSTATTER V, 1997. Implementation intentions and effective goal pursuit[J]. Journal of Personality and Social Psychology, 73(1):186-199.

GOLLWITZER P M, HECKHAUSEN H, STELLER B, 1990. Deliberative and implemental mind-sets: Cognitive tuning toward congruous thoughts and information [J]. Journal of Personality and Social Psychology, 59(6):1119-1127.

GOLLWITZER P M, KINNEY P F, 1989. Effects of deliberative and implemental mind-sets on illusion of control[J]. Journal of Personality and Social Psychology, 56(4):531-542.

GONZALEZ-MULÉ E, COURTRIGHT S H, DEGEEST D, et al. , 2016. Channeled autonomy: The joint effects of autonomy and feedback on team performance through organizational goal clarity[J]. Journal of Management, 42(7):2018-2033.

GOODWIN C, 1996. Communality as a dimension of service relationships[J]. Journal of Consumer Psychology, 5(4), 387-415.

GROTH M, HENNIG-THURAU T, WALSH G, 2009. Customer reactions to emotional labor: The roles of employee acting strategies and customer detection accuracy[J]. Academy of Management Journal, 52(5):958-974.

GUNAWARDENA C N, ZITTLE F J, 1997. Social presence as a predictor of satisfaction with a computer-mediated conferencing environment[J]. American Journal of Distance Education, 11(3):8-26.

HANUS M D, FOX J, 2015. Assessing the effects of gamification in the classroom: A longitudinal study on intrinsic motivation, social comparison, satisfaction, effort, and academic performance[J]. Computers & Education, 80:152-161.

HARRIS C M, HOFFMAN K L, SAUNDERS P B, 1987. Modeling the IRS telephone taxpayer information system[J]. Operations Research, 35(4):504-523.

HATTIE J, TIMPERLEY H, 2007. The power of feedback[J]. Review of educational research, 77(1):81-112.

HAUPTMANN A G, RUDNICKY A I, 1988. Talking to computers: An empirical investigation [J]. International Journal of Man-Machine Communication, 28 (6): 583-604.

HAYS J M, HILL A V, 1999. The market share impact of service failures [J]. Production and Operations Management, 8(3):208-220.

HAYES R H, WHEELWRIGHT S C, 1984. Restoring Our Competitive Edge: Competing Through Manufacturing[M]. New York: John Wiley & Sons.

HENNECKE M, CONVERSE B A, 2017. Next week, next month, next year: How perceived temporal boundaries affect initiation expectations[J]. Social Psychological and Personality Science, 8(8):918-926.

HEIDER F, 1958. The psychology of interpersonal relations[M]. New York: Wiley.

HEIM G R, SINHA K K, 2002. Service process configurations in electronic retailing: A taxonomic analysis of electronic food retailers [J]. Production and Operations Management, 11(1):54-74.

HOEVER I J, ZHOU J, van KNIPPENBERG D, 2018. Different strokes for different teams: The contingent effects of positive and negative feedback on the creativity of informationally homogeneous and diverse teams[J]. Academy of Management Journal, 61(6):2159-2181.

HOMBURG C, FURST A, 2005. How organizational complaint handling drives customer loyalty: An analysis of the mechanistic and the organic approach [J]. Journal of Marketing, 69(3):95-114.

HORVITZ E, PAEK T, 2007. Complementary computing: Policies for transferring callers from dialog systems to human receptionists[J]. User Modeling and User-Adapted Interaction, 17:159-182.

HOSMER D W, LEMESHOW S, STURDIVANT R X, 2013. Applied Logistic Regression[M]. John Wiley & Sons, New York.

HSU C, CHEN M, 2018. How gamification marketing activities motivate desirable consumer behaviors: Focusing on the role of brand love[J]. Computers in Human Behavior, 88:121-133.

HUANG N, HONG Y, BURTCH G, 2017. Social network integration and user content generation: Evidence from natural experiments[J]. MIS Quarterly, 41(4):1035-1058.

HUANG N, BURTCH G, GU B, et al., 2018. Motivating user-generated content with performance feedback: Evidence from randomized field experiments [J]. Management

Science, 65(1):327-345.

HUANG M, RUST R, MAKSIMOVIC V, 2019. The feeling economy: Managing in the next generation of artificial intelligence(AI)[J]. California Management Review, 61(4): 43-65.

HUGUET P, GALVAING M P, MONTEIL J M, et al. , 1999. Social presence effects in the stroop task: Further evidence for an attentional view of social facilitation[J]. Journal of Personality and Social Psychology, 77(5):1011-1025.

IBANEZ M B, DI-SERIO A, DELGADO-KLOOS A C, 2014. Gamification for engaging computer science students in learning activities: A case study[J]. IEEE Transactions on Learning Technologies, 7(3):291-301.

KANFER F H, KAROLY P, NEWMAN A, 1974. Source of feedback, observational learning, and attitude change[J]. Journal of Personality and Social Psychology, 29(1): 30-38.

KARLINSKY-SHICHOR Y, NETZER O, 2019. Automating the B2B salesperson pricing decisions: Can machines replace humans and when. Working paper, SSRN.

KEHRWALD B, 2008. Understanding social presence in text-based online learning environments[J]. Distance Education, 29(1):89-106.

KELLEY H H, 1971. Attribution in social interaction[M]. New York: General Learning Press.

KELLEY H H, MICHELA J L, 1980. Attribution theory and research[J]. Annual Review of Psychology, 31:457-501.

KHUDYAKOV P, FEIGIN P D, MANDELBAUM A, 2010. Designing a call center with an IVR(interactive voice response) [J]. Queueing Systems, 66:215-237.

KIM J S, 1984. Effect of behavior plus outcome goal setting and feedback on employee satisfaction and performance[J]. Academy of Management Journal, 27(1):139-149.

KIZILCEC R F, HALAWA S, 2015. Attrition and achievement gaps in online learning [C]//Proc. of the Second ACM Conference on Learning at Scale. Association for Computing Machinery, Vancouver, Canada.

KIZILCEC R F, PEREZ-SANAGUSTIN M, MALDONADO J J, 2017. Self-regulated learning strategies predict learner behavior and goal attainment in Massive Open Online Courses[J]. Computers & Education. 104:18-33.

KLUGER A N, DENISI A, 1996. The effects of feedback interventions on performance: A historical review, a meta-analysis, and a preliminary feedback intervention theory[J]. Psychological bulletin, 119(2):254-284.

KOHLER C F, ROHM A J, de RUYTER K, et al. , 2011. Return on interactivity: The impact of online agents on newcomer adjustment[J]. Journal of Marketing, 75(2): 93-108.

KRASNIANSKI A, 2015. Meet ross, the IBM watson-powered lawyer[N/OL]. [2023-03-01]. http://www. psfk. com/2015/01/rossibm-watson-powered-lawyer-legal-research.

html.

KUMAR S, MOOKERJEE V, SHUBHAM A, 2018. Research in operations management and information systems interface[J]. Production and Operations Management, 27(11): 1893-1905.

LANGEARD E, JOHN B, CHRISTOPHER H L, et al. ,1981. Services Marketing: New Insights from Consumers and Managers. Report. Cambridge, Marketing Science Institute.

LAMBERTI D, WALLACE W, 1990. Intelligent interface design: An empirical assessment of knowledge presentation in expert systems[J]. MIS Quarterly, 14(3): 279-311.

LAPER M A, 2011. Reducing customer dissatisfaction: How important is learning to reduce service failure? [J]. Production and Operations Management, 20(4):491-507.

Le BIGOT L, TERRIER P, AMIEL V, et al. , 2007. Effect of modality on collaboration with a dialogue system[J]. International Journal of Human-Computer Studies, 65(12): 983-991.

LECHERMEIER J, FASSNACHT M, 2018. How do performance feedback characteristics influence recipients' reactions? A state-of-the-art review on feedback source, timing, and valence effects[J]. Management Review Quarterly, 68(2):145-193.

LEE L, ARIELY D, 2006. Shopping goals, goal concreteness, and conditional promotions[J]. Journal of Consumer Research, 33(1):60-70.

LEIDNER R, 1993. Fast Food, Fast Talk: Service Work and the Routinization of Everyday Life[M]. Los Angeles, CA: University of California Press.

LEISER R G, 1989. Exploiting convergence to improve natural language understanding [J]. Interacting with Computers, 1(3):284-298.

LI M, LI T, 2022. AI automation and retailer regret in supply chains[J]. Production and Operations Management, 31(1) 1059-1478.

LIN Z, ZHANG Y, Tan Y, 2019. An empirical study of free product sampling and rating bias[J]. Information Systems Research, 30(1):260-275.

LIU D, SANTHANAM R, WEBSTER J, 2017. Toward meaningful engagement: A framework for design and research of gamified information systems[J]. MIS Quarterly, 41(4):1011-1034.

LIZZIO A, WILSON K, 2008. Feedback on assessment: students' perceptions of quality and effectiveness[J]. Assessment and Evaluation in Higher Education, 33:263-275.

LOPEZ-CUEVAS A, RAMIREZ-MARQUEZ J, SANCHEZ-ANTE G, et al. , 2017. A community perspective on resilience analytics: A visual analysis of community mood[J]. Risk Analysis, 37(8):1566-1579.

LONGONI C, BONEZZI A, MOREWEDGE C K, 2019. Resistance to medical artificial intelligence[J]. Journal of Consumer Research, 46(4):629-650.

LUO X, 2007. Consumer negative voice and firm-idiosyncratic stock returns[J]. Journal of

Marketing，71(3)：75-88.

LUO X，TONG S，FANG Z，et al.，2019. Frontiers：Machines vs. humans：The impact of artificial intelligence chatbot disclosure on customer purchases[J]. Marketing Science，38(6)：937-947.

MCDANIEL R，LINDGREN R，FRISKICS J，2012. Using badges for shaping interactions in online learning environments[C]//Proc. of 2012 IEEE International Professional Communication Conference. Orlando，FL.

MCFARLAND C，MILLER D T，1994. The framing of relative performance feedback：Seeing the glass as half empty or half full[J]. Journal of personality and social psychology，66(6)：1061-1073.

MEHROTRA V，FAMA J，2003. Call center simulation modeling：Methods，challenges，and opportunities[C]//Proc. of the 35th Conference on Winter Simulation.

MEKLER E D E，BRÜHLMANN F，OPWIS K，et al.，2013. Disassembling Gamification：The Effects of Points and Meaning on User Motivation and Performance [C]//In Proceedings of the CHI 2013Extended Abstracts on Human Factors in Computing Systems，New York：ACM Press，1137-1142.

MEUTER M L，BITER M J，OSTROM A L，et al.，2005. Choosing among alternative service delivery modes：An investigation of customer trial of self-service technologies [J]. Journal of Marketing，69(2)：61-83.

MEUTER M L，OSTROM A L，ROUNDTREE R I，et al.，2000. Self-service technologies：Understanding customer satisfaction with technology-based service encounters[J]. Journal of Marketing，64(3)：50-64.

MILKMAN K L，ROGERS T，BAZERMAN M H，2008. Harnessing our inner angels and demons what we have learned about want/should conflicts and how that knowledge can help us reduce short-sighted decision making[J]. Perspectives on Psychological Science，3(4)：324-338.

MILLER D T，1976. Ego involvement and attributions for success and failure[J]. Journal of personality and social psychology，34(5)，901-906.

MULLER D，ATZENI T，BUERTA F，2004. Coaction and upward social comparison reduce illusory conjunction effect：Some support for distraction-conflict theory[J]. Journal of Experimental Social Psychology，40，659-665.

MULLER D，BUTERA F，2007. The focusing effect of self-evaluation threat in coaction and social comparison[J]. Journal of Personality and Social Psychology，93(2)：194-211.

MULLINS J K，SABHERWAL R，2020. Gamification：A cognitive-emotional view[J]. Journal of Business Research，106：304-314.

NAWROT I，DOUCET A，2014. Building engagement for MOOC students：introducing support for time management on online learning platforms[C]//Proc. of the Companion Publication of the 23rd International Conference on World Wide Web.

OKADA E M，2005. Justification effects on consumer choice of hedonic and utilitarian goods[J]. Journal of Marketing Research，42(1):43-53.

OPPONG-TAWIAH D，WEBSTER J，STAPLES S，et al. ，2020. Developing a gamified mobile application to encourage sustainable energy use in the office[J]. Journal of Business Research，106:388-405.

ORACLE，2016. Can virtual experiences replace reality? The future role for humans in delivering customer experience[R/OL]. [2023-03-01]. https://www. oracle. com/webfolder/s/delivery_production/docs/FY16h1/doc35/CXResearchVirtualExperiences. pdf.

ORBELL S，SHEERAN P，2000. Motivational and volitional processes in action initiation: A field study of the role of implementation intentions[J]. Journal of Applied Social Psychology，30(4):780-797.

PAEK T，HORVITZ E，2004. Optimizing automated call routing by integrating spoken dialog models with queuing models[C]//Proc. of the Annual Conference of the North American Chapter of the Association for Computational Linguistics: Human Language Technologies.

PEETZ J，WILSON A E，2013. The post-birthday world: Consequences of temporal landmarks for temporal self-appraisal and motivation[J]. Journal of Personality and Social Psychology,104(2):249-266.

PERRY T S，2021. AI pioneer says machine learning may work on test sets，but that's a long way from real world use. [EB/OL]. [2022-06-05]. https://spectrum. ieee. org/andrew-ng-xrays-the-ai-hype.

PICCIANO A G，2002. Beyond student perceptions: Issues of interaction，presence，and performance in an online course[J]. Journal of Asynchronous Learning Networks，6(1):21-40.

PICKARD M D，ROSTER C A，CHEN Y，2016. Revealing sensitive information in personal interviews: Is self-disclosure easier with humans or avatars and under what conditions? [J]. Computers in Human Behavior,(65):23-30.

PITSCH K，VOLLMER A L，MÜHLIG M，2013. Robot feedback shapes the tutor's presentation: How a robot's online gaze strategies lead to micro-adaptation of the human's conduct[J]. Interaction Studies，14(2):268-296.

PODSAKOFF P M，FARH J L，1989. Effects of feedback sign and credibility on goal setting and task performance[J]. Organizational behavior and human decision processes，44(1):45-67.

POT A，BHULAI S，KOOLE G，2007. A simple staffing method for multi-skill call centers[J]. Manufacturing and Service Operations Management,10(3):421-428.

QIU L，BENBASAT I，2005. An investigation into the effects of text-to-speech voice and 3D avatars on the perception of presence and flow of live help in electronic commerce [J]. ACM Transactions on Computer-Human Interaction，12(4): 329-355.

QIU L，KUMAR S，2017. Understanding voluntary knowledge provision and content contribution through a social-media-based prediction market: A field experiment[J]. Information Systems Research, 28(3):529-546.

QUACKENBUSH C, 2018. Painting made by artificial intelligence sells for ＄432,500 [N/OL]. [2023-03-01]. https://time. com/5435683/artificial-intelligence-painting-christies/.

RAGHUBIR P, SRIVASTAVA J, 2009. The denomination effect[J]. Journal of Consumer Research, 36(4):701-713.

REN Z J, ZHOU Y, 2008. Call center outsourcing: Coordinating staffing level and service quality[J]. Management Science, 54(2):369-383.

RICHARDSON J C, MAEDA Y, LV J, et al., 2017. Social presence in relation to students' satisfaction and learning in the online learning environment: A meta-analysis [J]. Computers in Human Behavior, 71:402-417.

ROTH S, WORATSCHEK H, PASTOWSKI S, 2006. Negotiating prices for customized services[J]. Journal of Service Research, 8(4):316-329.

RZEPKA C BERGER B, 2018. User interaction with AI-enabled systems: A systematic review of IS research[C]//Proc. of the International Conference on Information Systems. San Francisco.

SAAD S B, ABIDA F C, 2016. Social interactivity and its impact on a user's approach behavior in commercial web sites: A study case of virtual agent presence[J]. Journal of Marketing Management, 4(2):63-80.

SAINI R, MONGA A, 2008. How I decide depends on what I spend: Use of heuristics is greater for time than money[J]. Journal of Consumer Research, 34(6):914-922.

SANTHANAM R, LIU D, SHEN W, 2016. Gamification of technology-mediated training: Not all competitions are the same[J]. Information Systems Research, 27(2): 453-465.

SCHERER A, WUNDERLICH N, Von WANGENHEIM F, 2015. The value of self-service: Long-term effects of technology based self-service usage on customer retention [J]. MIS Quarterly, 39(1):177-200.

SELLIER A L, AVNET T, 2019. Scheduling styles[J]. Current Opinion in Psychology, 26:76-79.

SELNES F, HANSEN H, 2001. The potential hazard of self-service in developing customer loyalty[J]. Journal of Service Research, 4(2):79-90.

SENONER J, NETLAND T, FEUERRIEGEL S, 2021. Using explainable artificial intelligence to improve process quality: Evidence from semiconductor manufacturing[J/OL]. http://www. researchgate. net/publication/353013392 _ Using _ Explainable _ Artificial_Intelligence_to_Improve_Process_Quality_Evidence_from_Semiconductor_Manufacturing.

SHOHAM M, MOLDOVAN S, STEINHART Y, 2018. Mind the gap: How smaller numerical differences can increase product attractiveness[J]. Journal of Consumer

Research，45(4)：761-774.

SHI C，WEI Y，ZHONG Y，2019. Process flexibility for multiperiod production systems [J]. Operations Research，67(5)：1300-1320.

SHRESTHA Y R，BEN-MENAHEM S M，von Krogh G，2019. Organizational decision-making structures in the age of artificial intelligence[J]. California Management Review，61(4)：66-83.

SICOLY F，ROSS M，1977. Facilitation of ego-biased attributions by means of self-serving observer feedback[J]. Journal of Personality and Social Psychology，35(10)：734-741.

SILVER D，HUANG A，MADDISON C J，et al.，2016. Mastering the game of Go with deep neural networks and tree search[J]. Nature，529(7587)：484-489.

SINGH J，1988. Consumer complaint intentions and behavior：Definitional and taxonomical issues[J]. Journal of Marketing，52(1)：93-107.

SINGHAL K，SINGHAL J，KUMAR S，2019. The value of the customer's waiting time for general queues[J]. Decision Sciences，50(3)：567-581.

Stanford University. The 2019 AI Index Report[R/OL]. [2023-03-01]. https://hai. stanford. edu/research/ai-index-2019.

STAW B M，1975. Attribution of the "causes" of performance：A general alternative interpretation of cross-sectional research on organizations[J]. Organizational Behavior and Human Decision Processes，13：414-432.

SUHM B，PETERSON P，2002. A data-driven methodology for evaluating and optimizing call center IVRs[J]. International Journal of Speech Technology，5：23-37.

SUN C，SHI Z，LIU X，et al.，2019. The effect of voice AI on consumer purchase and search behavior[J/OL]. [2023-02-21]. https://ssrn. com/abstract=3480877.

SUNDAR S S，JUNG E H，WADDELL T F，et al.，2017. Cheery companions or serious assistants? Role and demeanor congruity as predictors of robot attraction and use intentions among senior citizens[J]. International Journal of Human-Computer Studies，97：88-97.

TAMBE P，CAPPELLI P，YAKUBOVICH V，2019. Artificial intelligence in human resources management：Challenges and a path forward[J]. California Management Review，61(4)：15-42.

TANSIK D A，SMITH W L，1991. Dimensions of job scripting in services organizations [J]. International Journal of Service Industry Management，2(1)：35-49.

TAX S S，BROWN W S，1998. Recovering and learning from service failure[J]. Sloan Management Review，40(1)：75-88.

TAYLOR S E，GOLLWITZER P M，1995. Effects of mindset on positive illusions[J]. Journal of Personality and Social Psychology. 69(2)：213-226.

TEZCAN T，2005. Optimal control of distributed parallel server systems under the Halfin and Whitt regime[J]. Mathematics of Operations Research，33(1)：51-90.

TEZCAN T, BEHZAD B, 2012. Robust design and control of call centers with flexible interactive voice response systems [J]. Manufacturing & Service Operations Management, 14(3):386-401.

THALER R H, 1985. Mental accounting and consumer choice[J]. Marketing Science, 4 (3):199-214.

THALER R H, 1999. Mental accounting matters[J]. Journal of Behavioral Decision Making, 12:183-206.

THIEBES S, LINS S, BASTEN D, 2014. Gamifying information systems-a synthesis of gamification mechanics and dynamics[C]//Proc. of the 20th European Conference on Information Systems. Tel Aviv, Israel.

TU Y, SOMAN D, 2014. The categorization of time and its impact on task initiation[J]. Journal of Consumer Research, 41(3):810-822.

van der Heijden H, 2004. User acceptance of hedonic information systems[J]. MIS Quarterly, 28(4):695-704.

van DOORN J, MENDE M, NOBLE S M, et al., 2017. Domo arigato Mr. Roboto: Emergence of automated social presence in organizational frontlines and customers' service experiences[J]. Journal of Service Research, 20(1):43-58.

van JAARSVELD W, SCHELLER-WOLF A, 2015. Optimization of industrial-scale assemble-to-order systems[J]. INFORMS Journal on Computing, 27(3),544-560.

VANGELISTI A L, YOUNG S L, 2000. When words hurt: The effects of perceived intentionality on interpersonal relationships [J]. Journal of Social and Personal Relationships. 17(3), 393-424.

VENKATESH V, MORRIS M G, DAVIS G B, et al., 2003. User acceptance of information technology: Toward a unified view[J]. MIS Quarterly, 27(3):425-478.

VENKATESH V, THONG J Y L, XU X, 2012. Consumer acceptance and use of information technology: Extending the unified theory of acceptance and use of technology[J]. MIS Quarterly, 36(1):157-178.

VICTORINO L, VERMA R, WARDELL D G, 2013. Script usage in standardized and customized service encounters: Implications for perceived service quality[J]. Production and Operations Management, 22(3):518-534.

VOORHEES C M, BRADY M K, 2005. A service perspective on the drivers of complaint intentions[J]. Journal of Service Research, 8(2):192-204.

VOSSEN H G, KOUTAMANIS M, WALTHER J B, 2017. An experimental test of the effects of online and face-to-face feedback on self-esteem[J]. Cyberpsychology: Journal of Psychosocial Research on Cyberspace, 11(4):article 1.

WALTER N, ORTBACK K, NIEHAVES B, 2015. Designing electronic feedback-analyzing the effects of social presence on perceived feedback usefulness [J]. International Journal of Human-Computer Studies, 76:1-11.

WANG W, BENBASAT I, 2007. Recommendation agents for electronic commerce:

Effects of explanation facilities on trusting beliefs [J]. Journal of Management Information Systems，23(4)：217-246.

WANG M，BURLACU G，TRUXILLO D，et al.，2015. Age differences in feedback reactions：The roles of employee feedback orientation on social awareness and utility [J]. Journal of Applied Psychology，100(2)：1296-1308.

WANG G，GUNASEKARAN A，NGAI E W T，2018. Distribution network design with big data：Model and analysis[J]. Annals of Operations Research，270：539-551.

WEINER B，1985. An attributional theory of achievement motivation and emotion[J]. Psychological review，92(4)，548-573.

WEINER B，1995. Judgments of responsibility：A foundation for a theory of social conduct[M]. New York：Guilford Press.

WESTERMAN C Y，HEUETT K B，RENO K M，et al.，2014. What makes performance feedback seem just? Synchronicity，channel，and valence effects on perceptions of organizational justice in feedback delivery [J]. Management Communication Quarterly，28(2)：244-263.

WILSON H J，DAUGHERTY P R，2018. Collaborative intelligence：Humans and AI are joining forces[J]. Harvard Business Review，96(4)：115-123.

WOLF T，WEIGER W H，HAMMERSCHMIDT M，2020. Experiences that matter? The motivational experiences and business outcomes of gamified services[J]. Journal of Business Research，106：253-264.

XIAO L，KUMAR V，2019. Robotics for customer service：A useful complement or an ultimate substitute? [J]. Journal of Service Research：1-21.

XU D，BENBASAT I，CENFETELLI R T，2014. The nature and consequences of trade-off transparency in the context of recommendation agents[J]. MIS Quarterly，38(2)：379-406.

XU D，ZHOU K Z，DU F，2019. Deviant versus aspirational risk taking：The effects of performance feedback on bribery expenditure and R&D intensity [J]. Academy of Management Journal，62(4)：1226-1251.

YEOMANS M，SHAH A，MULLAINATHAN S，et al.，2019. Making sense of recommendations[J]. Journal of Behavioral Decision Making，32：403-414.

YOUNG M F，SLOTA S，CUTTER A B，et al.，2012. Our princess is in another castle：A review of trends in serious gaming for education[J]. Review of Educational Research，82(1)：61-89.

ZHAN Z，MEI H，2013. Academic self-concept and social presence in face-to-face and online learning：Perceptions and effects on students' learning achievement and satisfaction across environments[J]. Computers & Education，69：131-138.

ZHANG P，LI N，2004. An assessment of human-computer iteraction research in management information systems：Topics and methods [J]. Computers in Human Behavior，20(2)：125-147.

ZHANG P, LI N, 2005. The intellectual development of human-computer interaction research: A critical assessment of the MIS literature (1990-2002)[J]. Journal of the Association for Information Systems, 6(11):227-291.

ZHAO M, LEE L, SOMAN D, 2012. Crossing the virtual boundary: The effect of task-irrelevant environmental cues on task implementation[J]. Psychological Science, 23 (10):1200-1207.

ZHOU R, REN F, TAN Y, 2019. Stimulating intrinsic and extrinsic motivation in online learning: The role of mechanism design[J/OL]. [2023-02-21]. https://ssrn.com/ abstract=3326319 or http://dx.doi.org/10.2139/ssrn.3326319.

第3章研究补充分析结果

表 A-1　不同时间区间用户使用核心学习模块个体层面分析结果

变 量	因变量＝$y_{\text{core learning}}$								
	（1）	（2）	（3）	（4）	（5）	（6）	（7）	（8）	（9）
M_{f1}							0.007*		
							(0.004)		
M_{f5}								0.007***	
								(0.003)	
M_{f10}	0.006***								0.005***
	(0.001)								(0.002)
M_{11-20}		0.002					−0.003	0.000	0.002
		(0.001)					(0.002)	(0.002)	(0.002)
M_{21-30}			−0.003**				−0.007***	−0.004*	−0.003
			(0.001)				(0.002)	(0.002)	(0.002)
M_{31-40}				−0.001			−0.005***	−0.002	−0.001
				(0.001)			(0.002)	(0.002)	(0.002)
M_{41-50}					−0.004***		−0.007***	−0.004**	−0.003*
					(0.001)		(0.002)	(0.002)	(0.002)
M_{51-60}						0.000	−0.004**	−0.001	
						(0.001)	(0.002)	(0.002)	
User Fixed Effect	Yes	Yes	Yes	Yes	Yes	Yes	Yes	Yes	Yes
Number of Users	15 011	15 011	15 011	15 011	15 011	15 011	15 011	15 011	15 011
Observations	900 660	900 660	900 660	900 660	900 660	900 660	900 660	900 660	900 660
F 值	18.80	2.34	5.02	1.08	7.50	0.02	5.33	6.27	5.79
R^2	0.000	0.000	0.000	0.000	0.000	0.000	0.000	0.000	0.000

注：* 表示在 0.1 的水平上显著；** 表示在 0.05 的水平上显著；*** 表示在 0.01 的水平上显著。

表 A-2 不同时间区间使用游戏化模块个体层面分析结果

变 量	因变量＝$y_{\text{Gamification}}$								
	(1)	(2)	(3)	(4)	(5)	(6)	(7)	(8)	(9)
M_{1-10}	−0.002*						−0.003**	−0.002**	
	(0.001)						(0.001)	(0.002)	
M_{11-20}		0.002*					−0.000	−0.000	0.003**
		(0.001)					(0.001)	(0.002)	(0.001)
M_{31-40}				−0.003***			−0.004***	−0.005***	−0.001
				(0.001)			(0.001)	(0.002)	(0.001)
M_{41-50}					0.002		−0.000	−0.000	0.003**
					(0.001)		(0.001)	(0.002)	(0.001)
M_{l10}						0.003***			0.004***
						(0.001)			(0.001)
M_{l5}								0.001	
								(0.002)	
M_{l1}							0.007**		
							(0.003)		
User Fixed Effect	Yes	Yes	Yes	Yes	Yes	Yes	Yes	Yes	Yes
Number of Users	15 011	15 011	15 011	15 011	15 011	15 011	15 011	15 011	15 011
Observations	900 660	900 660	900 660	900 660	900 660	900 660	900 660	900 660	900 660
F 值	3.08	2.98	1.34	12.12	2.64	9.24	5.26	4.42	5.23
R^2	0.000	0.000	0.000	0.000	0.000	0.000	0.000	0.000	0.000

注:* 表示在 0.1 的水平上显著;** 表示在 0.05 的水平上显著;*** 表示在 0.01 的水平上显著。

本研究的在线实验参考 Chandran et al.(2005)和 Dhar et al.(2007)在研究中的设计,从认知维度提供证据以支持整点的出现对不同思维模式的影响。被试在回忆任务前会看到如下描述。

请想象你的朋友正在准备 TOEIC 考试,他正在考虑是否购买 TOEIC 在线培训课程以及购买在线培训课程后需要做哪些准备工作。以下是他的部分想法(见表 A-3)。

表 A-3 被试回忆任务中呈现的考虑式和执行式描述信息

序 号	类 型	具体信息
1	考虑式	我可能需要购买 TOEIC 在线培训课程,因为它可以帮助我全面系统地理解这项考试
2	执行式	如果我决定购买 TOEIC 在线培训课程,那么我需要找一个合格的在线学习平台
3	考虑式	我可能需要购买 TOEIC 在线培训课程,因为参加在线学习课程比参加线下学习课程更加方便
4	执行式	如果我决定购买 TOEIC 在线培训课程,那么我需要提前制订一个详细的学习计划
5	考虑式	我可能不会购买 TOEIC 在线培训课程,因为在线学习不能像线下学习那样与老师和同学面对面交互
6	执行式	如果我决定购买 TOEIC 在线培训课程,那么我需要提前为课程学习准备合适的学习材料

序　号	类　型	具体信息
7	考虑式	我可能需要购买 TOEIC 在线培训课程,因为在线课程比线下课程便宜
8	考虑式	我可能不会购买 TOEIC 在线培训课程,因为我可以在网上找到免费的学习视频
9	执行式	如果我决定购买 TOEIC 在线培训课程,那么我需要根据个人的学习习惯选择具体课程
10	执行式	如果我决定购买 TOEIC 在线培训课程,那么我需要问一问有经验的同学的意见
11	考虑式	我可能不会购买 TOEIC 在线培训课程,因为在线学习课程的质量很难保证
12	执行式	如果我决定购买 TOEIC 在线培训课程,那么我需要收集如何通过网络购买课程的信息

在实验过程中,对所有被试,关于回忆任务情境的描述将会在实验网页上停留 10 秒钟。在此之后,每位被试面前的屏幕上会依次出现第 1 条～第 12 条陈述信息,每条信息停留 5 秒钟。当最后一条陈述信息展示结束,被试被要求尽可能多地回忆刚才出现的陈述。被试在实验网页的答题框中列举出记得的陈述。

研究采用 7 分李克特量表收集用户回答。其中 1＝完全不同意,7＝完全同意。

表 A-4　研究中用到的量表

变　量	测度项	参考文献
感知愉悦性	使用游戏化模块时我感到愉快	Agarwal et al.，2000
	我享受使用游戏化模块的过程	
心流体验	使用游戏化模块时我很快乐	Qiu et al.，2005
	使用游戏化模块时我能够全情投入	
	使用游戏化模块时和其他人的交互让我觉得很有意思	
	我在使用游戏化模块时不会考虑其他无关事情	
社会临场感	在完成实验任务的过程中,我能感受到其他人的存在	Gefen et al.，2004
	在完成实验任务的过程中,我能感受到与他人的联系	
	在完成实验任务的过程中,我能感受到来自他人的关心/关注	
自我效能	我的技能和能力允许我完成这项任务	Fujita et al.，2007
任务承诺	我尽力把实验任务完成好	Fujita et al.，2007

图 A-1 展示了实验室实验中可供被试学习的单词。被试最多学习 50 个单词,单词从 TOEFL 单词书中随机选取。

offensive	pry	cavity	velocity	sketch
revolution	delight	domesticate	aggression	moral
deficiency	prehistoric	multiple	monument	tropic
agrarian	extermination	silt	commercially	dye
algae	glaze	deterioration	propulsion	Venus
longevity	coarse	resilience	stagnant	cosmic
disgust	intensity	disseminate	stylistic	encase
accustom	defenseless	inhabitant	irrigation	aristocrat
insulation	parade	indication	capillary	plantation
accredit	surpass	archaic	immune	narrative

图 A-1　实验室实验中用到的单词

图 A-2 展示了在线实验中可供被试学习的单词。被试最多学习 50 个单词，单词从 TOEIC 单词书中随机选取。为了避免实验室实验中选取的 TOEFL 单词过于生僻、学习难度高，从而对被试学习行为造成影响，在线实验中选取相对容易、贴近生活的 TOEIC 单词供被试学习。

perfection	reproach	bonus	spectacular	premiere
subsidiary	dispatch	stagger	correspondence	dispute
itinerary	prescription	masterpiece	spice	divine
heritage	stumble	notorious	preservative	ornament
convene	kit	waive	evoke	cereal
threshold	void	appraisal	verge	muscular
repel	corps	negligible	ferry	possession
revelation	affirm	compile	smuggle	grim
interfere	comprehensive	bulletin	impulsive	menace
nuisance	hilarious	extravagant	indefinite	constituent

图 A-2　在线实验中用到的单词

表 A-5　实验室实验回归分析结果

变　　量	学习持续时间/min	学习效果
整点	2.762*(1.621)	7.892*(4.219)
性别	−1.117(1.701)	1.944(4.427)
年龄	0.278(0.291)	0.214(0.757)
单词测试准确率	−26.449(29.247)	−17.253(76.108)
F	1.240	1.080
R^2	0.073	0.064

注：括号内为标准误。* 表示在 0.1 的水平上显著。

表 A-6　实地实验回归分析结果

变　　量	A 部分实验结果	B 部分实验结果	
	持续时间/min	使用游戏化模块持续时间/min	感知愉悦性
整点	4.595**(1.870)	−0.083(0.942)	−0.692*(0.402)
性别	−1.950(1.845)	0.092(1.071)	−0.023(0.457)
年龄	0.048(0.298)	−0.009(0.015)	−0.084(0.064)
使用游戏化模块次数	—	1.804***(0.465)	−0.231(0.198)
获胜比率	—	2.174(1.715)	0.272(0.732)
F	2.406	3.492	1.167
R^2	0.184	0.284	0.117

注：括号内为标准误。* 表示在 0.1 的水平上显著；** 表示在 0.05 的水平上显著；*** 表示在 0.01 的水平上显著。

表 A-7　在线实验回归分析结果

变　量	A 部分实验结果		B 部分实验结果	
	执行相关陈述数量 (p-value)	学习效果 (p-value)	考虑相关陈述数量 (p-value)	心流体验 (p-value)
On-the-hour Time Points	0.842**	7.656**	0.636	-0.592**
	(0.355)	(3.162)	(0.389)	(0.232)
Social Presence	0.790**	9.946***	-0.049	-0.278
	(0.370)	(3.298)	(0.387)	(0.231)
On-the-hour Time Points · Social Presence	-0.923*	-10.048**	-0.734	0.458
	(0.520)	(4.633)	(0.528)	(0.315)
Self-efficacy	0.016	1.668	-0.061	0.272***
	(0.147)	(1.310)	(0.149)	(0.089)
Task Commitment	-0.103	0.954	0.047	0.091*
	(0.084)	(0.744)	(0.083)	(0.049)
Age	-0.128	-3.304	-0.134	0.211
	(0.224)	(1.997)	(0.225)	(0.134)
Gender	-0.060	-1.152	0.718**	0.022
	(0.270)	(2.402)	(0.315)	(0.188)
Education Background	0.366**	2.069	-0.119	-0.264**
	(0.164)	(1.464)	(0.192)	(0.115)
F	1.709	2.024	1.339	4.011
R^2	0.105	0.122	0.093	0.236

注:括号内为标准误。* 表示在 0.1 的水平上显著;** 表示在 0.05 的水平上显著;*** 表示在 0.01 的水平上显著。

表 A-8　游戏化相关研究整理

情　境	游戏化元素	研究发现	作　者
在线学习	有进度条的快速测试	游戏化设计让多数被试感受到想要完成测试,超过半数的被试认为游戏化有助于提高学习效率	Cheong et al. (2013)
在线学习	排行榜和徽章	相比于在非游戏化课堂中学习的学生,在游戏化课堂学习的学生学习动机和满意度更低	Hanus et al. (2015)
在线学习	排行榜、积分和徽章	游戏化的引入对学生学习参与度有正向影响;对学习结果有中度影响	Ibanez et al. (2014)
在线学习	排行榜	排行榜设计会带来显著的外部激励效应。当用户付出适当程度的努力就可以上榜时该激励效应最大	Zhou et al. (2019)
在线学习	排行榜	排行榜能够激励参与者达到超出预定目标的水平	Landers et al. (2017)
在线学习	通过小游戏竞争	当被试与低水平对手竞争时,能获得更好的自我效能和学习效果;当被试与同水平对手竞争时,能获得更强的参与感	Santhanam et al. (2016)

续表

情　境	游戏化元素	研究发现	作　者
在线学习	竞争	友好的竞争有利于促使被试在学习中表现更好	Burguillo(2010)
在线学习	竞争、合作、奖励、徽章、等级和排行榜	相比于传统学习方法,游戏化学习会帮助学生提高实践任务的成绩。但传统学习方法下学生的知识性成绩更高	De-Marcos et al.(2014)
在线学习	奖励和竞争	相比于传统教育环境下的学生,经历游戏化教学的学生在实践任务和总得分上表现更好,但这些学生在写作任务上表现更差且课堂参与度降低	Domínguez et al.(2013)
在线学习	限时返现	对企业来讲,当用户成本较高或者用户具备快速学习能力时,缩短返现的时间窗口并不总是一个最优的选择	Gao et al.(2019)
培训	包含排行榜等设计的游戏化系统	在使用游戏化系统时,团队凝聚力会正向调节实用性感知和使用态度间的关系;团队凝聚力会负向调节享乐感知与使用态度间的关系	Kwak et al.(2019)
培训	包含徽章、排行榜等设计要素的游戏化培训系统	通过游戏化训练来满足用户的动机和应对需求对用户行为的变化能带来正向影响	Silic et al.(2020)
口碑	徽章	在线评论中的徽章标记能够显著影响消费者对商品的购买意愿和向其他消费者推荐该商品的意愿	Wang et al.(2020)
能源使用	具有虚拟形象的游戏化系统	游戏化系统的引入会促使人们减少用电量且增加他们参加亲环境活动的行为	Oppong-Tawiah et al.(2020)
知识分享和贡献	奖励、竞争和自我表达	向用户提供竞争和自我表达等功能能够正向影响用户的审美体验和心流体验	Suh et al.(2017)
知识分享和贡献	奖励、竞争和成就的可视化	奖励、竞争和成就的可视化会共同影响用户对游戏化系统享乐性的感受,进而促进人们的知识贡献	Suh et al.(2017)
知识分享和贡献	奖励、竞争,利他和自我表达	游戏化通过影响用户的心理需要、满意度和用户愉悦感来影响其参与度	Suh A et al.(2018)
知识分享和贡献	排名	排名能够激励用户在实现目标前进行更多的内容贡献,但该激励效应只是暂时存在	Goes et al.(2016)
商务网站	徽章、排行榜、表现图、虚拟形象、故事、队友等	徽章、排行榜和表现图能够正向影响用户对需求的满意度和对任务意义的感知;虚拟形象、故事和队友能够影响用户的社交关联性体验	Sailer et al.(2016)
购买决策	分数、成就和挑战	用户的态度和感知有用性可以用于预测其对游戏化产品的购买意愿	Bittner et al.(2014)
购买决策	激励的不确定性	即使不确定的激励比确定性激励差,人们依旧更愿意追求不确定的激励	Shen et al.(2019)
营销活动	徽章	游戏化营销活动对用户感知实用价值和享乐价值有正向影响,这会进而显著影响用户满意度和品牌喜爱度	Hsu et al.(2018)

附录 A 参考文献

AGARWAL R，KARAHANNA E，2000. Time flies when you're having fun：Cognitive absorption and beliefs about information technology usage[J]. MIS Quarterly，24(4)：665-694.

AKSIN Z，ARMONY M，MEHROTRA V，2007. The modern call center：A multi-disciplinary perspective on operations management research[J]. Production and Operations Management，16(6)：665-688.

AKSIN O Z，CAKAN N，KARAESMEN F，et al.，2015. Flexibility structure and capacity design with human resource considerations[J]. Production and Operations Management，24(7)：1086-1100.

BITTNER J V，SHIPPER J，2014. Motivational effects and age differences of gamification in product advertising[J]. Journal of Consumer Marketing，31(5)：391-400.

BURGUILLO J C，2010. Using game theory and competition-based learning to stimulate student motivation and performance[J]. Computers & Education，55(2)：566-575.

CHANDRAN S，MORWITZ V G，2005. Effects of participative pricing on consumers' cognitions and actions：A goal theoretic perspective[J]. Journal of Consumer Research. 32(2)：249-259.

CHEONG C，CHEONG F，FILIPPOU J，2013. Quick quiz：A gamified approach for enhancing learning[C]. Proc. of the 17th Pacific Asia Conference on Information Systems. (Association for Information Systems，Jeju Island，South Korea)，206.

De-MARCOS L，DOMÍNGUEZ A，SAENZ-de-NAVARRETE J，et al.，2014. An empirical study comparing gamification and social networking on e-learning[J]. Computers & Education，75：82-91.

DHAR R，HUBER J，KHAN U，2007. The shopping momentum effect[J]. Journal of Marketing Research. 44(3)：370-378.

DOMÍNGUEZ A，SAENZ-de-NAVARRETE J，De-MARCOS L，et al.，2013. Gamifying learning experiences：Practical implications and outcomes[J]. Computers & Education，63：380-392.

FUJITA K，GOLLWITZER P M，OETTINGEN，G，2007. Mindsets and pre-conscious open-mindedness to incidental information[J]. Journal of Experimental Social Psychology. 43(1)：48-61.

GAO Y，KUMAR S，LIU D，2019. Clocking in or not? Optimal design of a novel gamified business model in online learning[J/OL]. [2023-03-01]. https://ssrn. com/abstract=3435583.

GEFEN D，STRAUB D W，2004. Consumer trust in B2C e-Commerce and the importance of social presence: Experiments in e-products and e-services[J]. Omega. 32 (6): 407-424.

GOES P B, GUO C, LIN M, 2016. Do incentive hierarchies induce user effort? Evidence from an online knowledge exchange[J]. Information Systems Research, 27(3):497-516.

HANUS M D, FOX J, 2015. Assessing the effects of gamification in the classroom: A longitudinal study on intrinsic motivation, social comparison, satisfaction, effort, and academic performance[J]. Computers & Education, 80:152-161.

HSU C, CHEN M, 2018. How gamification marketing activities motivate desirable consumer behaviors: Focusing on the role of brand love[J]. Computers in Human Behavior, 88:121-133.

IBANEZ M B, DI-SERIO A, DELGADO-KLOOS C, 2014. Gamification for engaging computer science students in learning activities: A case study[J]. IEEE Transactions on Learning Technologies, 7(3):291-301.

KWAK D H, MA X, POLITES G, et al., 2019. Cross-level moderation of team cohesion in individuals' utilitarian and hedonic information processing: Evidence in the context of team-based gamified training[J]. Journal of the Association for Information Systems, 20 (2):161-185.

LANDERS R N, BAUER K N, CALLAN R C, 2017. Gamification of task performance with leaderboards: A goal setting experiment[J]. Computers in Human Behavior, 71: 508-515.

OPPONG-TAWIAH D, WEBSTER J, STAPLES S, et al., 2020. Developing a gamified mobile application to encourage sustainable energy use in the office[J]. Journal of Business Research, 106:388-405.

QIU L, BENBASAT I, 2005. An investigation into the effects of text-to-speech voice and 3D avatars on the perception of presence and flow of live help in electronic commerce [J]. ACM Transactions on Computer-Human Interaction. 12(4):329-355.

SAILER M, HENSE J U, MAYR S K, et al., 2017. How gamification motivates: An experimental study of the effects of specific game design elements on psychological need satisfaction[J]. Computers in Human Behavior, 69:371-380.

SANTHANAM R, LIU D, SHEN W, 2016. Research note-gamification of technology-mediated training: Not all competitions are the same [J]. Information Systems Research, 27(2):453-465.

SHEN L, HSEE C K, TALLOEN J H, 2019. The fun and function of uncertainty: Uncertain incentives reinforce repetition decisions[J]. Journal of Consumer Research, 46(1):69-81.

SILIC M, LOWRY P B, 2020. Using design-science based gamification to improve organizational security training and compliance[J]. Journal of Management Information Systems, 37(1):129-161.

SUH A, CHEUNG C M K, AHUJA M, et al., 2017. Gamification in the workplace:

The central role of the aesthetic experience[J]. Journal of Management Information Systems，34(1):268-305.

SUH A，WAGNER C，2017. How gamification of an enterprise collaboration system increases knowledge contribution：An affordance approach[J]. Journal of Knowledge Management，21(2):416-431.

SUH A，WAGNER C，LIU L，2018. Enhancing user engagement through gamification [J]. Journal of Computer Information Systems，58(3):204-213.

WANG L，GUNASTI K，SHANKAR R，et al.，2020. Impact of gamification on perceptions of word-of-mouth contributors and actions of word-of-mouth consumers[J]. MIS Quarterly，44(4):1987-2011.

ZHOU R，REN F，TAN Y，2019. Stimulating intrinsic and extrinsic motivation in online learning：The role of mechanism design. [J/OL]. [2023-03-01]. https://ssrn. com/abstract=3326319.

第 4 章研究补充分析结果

表 B-1　各组用户基本信息及实验前关键变量取值对比

手机尾号	年龄	性别	客户资历	Log（服务时长）	人工服务需求	用户抱怨
1,7vs. 0,2,3,4,5,6,8,9	0.005	0.163	0.020	0.038	0.962	0.239
1,7vs. 3,5,9	0.104	0.358	0.769	0.107	0.428	0.378
7 vs. 9	0.312	0.923	0.676	0.345	0.658	0.455
1 vs. 0	0.061	0.782	0.150	0.000	0.000	0.446
1 vs. 2	0.229	0.122	0.836	0.076	0.070	0.778
1 vs. 3	0.103	0.209	0.287	0.039	0.068	0.002
1 vs. 4	0.091	0.008	0.000	0.493	0.063	0.407
1 vs. 5	0.008	0.916	0.204	0.066	0.097	0.444
1 vs. 6	0.000	0.249	0.049	0.002	0.171	0.077
1 vs. 8	0.000	0.411	0.000	0.003	0.533	0.031
1 vs. 9	0.000	0.433	0.045	0.000	0.028	0.147
7 vs. 0	0.031	0.571	0.324	0.027	0.326	0.143
7 vs. 2	0.008	0.016	0.036	0.179	0.488	0.017
7 vs. 3	0.025	0.034	0.197	0.300	0.481	0.294
7 vs. 4	0.220	0.001	0.000	0.002	0.000	0.437
7 vs. 5	0.005	0.000	0.009	0.159	0.345	0.159
7 vs. 6	0.490	0.006	0.255	0.826	0.177	0.171
7 vs. 8	0.000	0.077	0.676	0.645	0.000	0.025

注：表格中的值为 T 检验 p 值。

表 B-2　基于语音的用户-AI 系统互动特征分析

本书研究发现与文献中结论对比	本书中的研究	Le Bigot et al.（2007）		Hauptmann et al.（1988）	
研究情境	客户与电话服务中心基于语音的 AI 系统交互	被试与基于语音或基于文本的餐厅推荐客服系统交互		被试与基于语音或基于服务的电子邮件系统交互	
交互模式	基于语音的交互	基于语音的交互	基于文本的交互	基于语音的交互	基于文本的交互

续 表

本书研究发现与文献中结论对比	论文中的研究	Le Bigot et al. (2007)		Hauptmann et al. (1988)	
每次对话用户表达句子的数量	3.36	3.21	2.37	—	—
用户表达句子中的平均单词数	6.32	—	—	6.10	3.21
平均每个单词中的第一、第二人称代词数量	0.04	0.04	0.01	0.05	0.01
平均每个单词中的停顿语气词数量	0.01	—	—	0.004	0

表 B-3 AI 应用对服务时长的影响(单数尾号用户数据)

变　量	(1) Log (Machine_Call Length)	(2) Log (Machine_Call Length)	(3) Log (Human_Call Length)	(4) Log (Human_Call Length	(5) Log (Call Length)	(6) Log (Call Length)
AI_agent	0.003		0.019		0.002	
	(0.012)		(0.053)		(0.015)	
AI_agent・After_AI	0.063***	0.058***	0.126**	0.086	0.067***	0.059***
	(0.014)	(0.015)	(0.064)	(0.065)	(0.015)	(0.016)
Age	0.004***		0.028***		0.006***	
	(0.000)		(0.002)		(0.001)	
Gender	−0.010		0.004		−0.007	
	(0.011)		(0.046)		(0.014)	
Service Tenure	0.004***		0.018***		−0.565***	
	(0.002)		(0.006)		(0.002)	
Observations	42 401	42 401	42 401	42 401	42 401	42 401
Between R-squared	0.071	0.058	0.044	0.005	0.034	0.006
Number of Customers	8 307	8 307	8 307	8 307	8 307	8 307
Day Dummies	Y	Y	Y	Y	Y	Y
Customer Random Effects	Y	—	Y	—	Y	—
Customer Fixed Effects	—	Y	—	Y	—	Y

注:括号内为稳健标准误差。** 表示在 0.05 的水平上显著;*** 表示在 0.01 的水平上显著。

表 B-4 AI 应用对人工服务需求和用户抱怨的影响(单数尾号用户数据)

变　量	(1) Human Service (OLS)	(2) Human Service(OLS)	(3) Customer Complaint(OLS)	(4) Customer Complaint(OLS)
AI_agent	0.002(0.008)		−0.001(0.002)	
AI_agent・After_AI	0.018*(0.010)	0.013(0.010)	−0.005**(0.002)	−0.004*(0.002)
Age	−0.004***(0.000)		−0.000***(0.000)	
Gender	0.001(0.007)		0.003**(0.001)	
Service Tenure	−0.003***(0.001)		0.001***(0.000)	
Observations	42 401	42 401	42 401	42 401
Between R-square	0.056	0.019	0.004	0.000 2

续 表

变 量	(1) Human Service (OLS)	(2) Human Service(OLS)	(3) Customer Complaint(OLS)	(4) Customer Complaint(OLS)
Number of Customers	8 307	8 307	8 307	8 307
Day Dummies	Y	Y	Y	Y
Customer Random Effects	Y	—	Y	—
Customer Fixed Effects	—	Y	—	Y

注：括号内为稳健标准误差。* 表示在 0.1 的水平上显著；** 表示在 0.05 的水平上显著；*** 表示在 0.01 的水平上显著。对于表中第 1 列～第 4 列，考虑固定效应的 Logistic 回归无法收敛，因此表中展示 OLS 分析结果。

表 B-5 转人工服务前用户与 AI 系统的交互轮次

变 量	Rounds of Interaction Prior to Transferring to Human Agents (Random Effects)	Rounds of Interaction Prior to Transferring to Human Agents (Fixed Effects)
Number of Times a Customer Used the AI System	−0.021*** (0.007)	−0.089*** (0.033)
Age	0.005** (0.002)	
Gender	−0.000(0.054)	
Service Tenure	0.011(0.007)	
Observations	2 762	2 762
Between R-square	0.010	0.003
Day Dummies	Y	Y
Customer Random Effects	Y	—
Customer Fixed Effects	—	Y

注：括号内为稳健标准误差。** 表示在 0.05 的水平上显著；*** 表示在 0.01 的水平上显著。Number of Times a Customer Used the AI System 表示用户已经使用 AI 系统的次数，Rounds of Interaction Prior to Transferring to Human Agents 表示转接到人工服务前用户与 AI 交互的轮次。

表 B-6 安慰剂效应检验

变 量		(1) Log (Call Length)	(2) Log (Call Length)	(3) Human Service	(4) Human Service	(5) Customer Complaint	(6) Customer Complaint
A：引入 AI 系统前	AI_agent	0.034		0.194*		−0.371	
		(0.025)		(0.103)		(0.394)	
	AI_agent·Placebo_Time	0.018	0.004	−0.059	−0.018	0.486	0.494
		(0.036)	(0.036)	(0.159)	(0.174)	(0.815)	(0.757)
	Age	0.012***		0.060***		0.051***	
		(0.001)		(0.004)		(0.016)	
	Gender	0.002		0.048		0.296	
		(0.023)		(0.095)		(0.377)	
	Service Tenure	−0.005		−0.013		−0.005	
		(0.003)		(0.013)		(0.052)	

续 表

变　量		(1) Log (Call Length)	(2) Log (Call Length)	(3) Human Service	(4) Human Service	(5) Customer Complaint	(6) Customer Complaint
	Observations	16 070	16 070	16 070	6 971	15 580	712
	Day Dummies	Y	Y	Y	Y	Y	Y
	Customer Random Effects	Y	—	Y	—	Y	—
	Customer Fixed Effects	—	Y	—	Y	—	Y
B：手机尾号 3 vs. 9	Placebo_AI	−0.023		−0.071		0.187	
		(0.023)		(0.088)		(0.385)	
	Placebo_AI · After_AI	0.003	0.001	−0.041	−0.046	−0.117	−0.020
		(0.024)	(0.024)	(0.096)	(0.099)	(0.375)	(0.392)
	Age	−0.006***		−0.035***		−0.050***	
		(0.001)		(0.004)		(0.017)	
	Gender	−0.012		−0.048		0.560	
		(0.022)		(0.084)		(0.378)	
	Service Tenure	−0.002		−0.020*		0.095*	
		(0.003)		(0.012)		(0.050)	
	Observations	16 834	16 834	16 834	9 599	16 834	1 105
	Day Dummies	Y	Y	Y	Y	Y	Y
	Customer Random Effects	Y	—	Y	—	Y	—
	Customer Fixed Effects	—	Y	—	Y	—	Y
C：手机尾号 5 vs. 9	Placebo_AI	−0.033		−0.052		0.071	
		(0.028)		(0.085)		(0.313)	
	Placebo_AI · After_AI	−0.044	0.033	0.040	−0.071	−0.317	−0.488
		(0.029)	(0.023)	(0.104)	(0.096)	(0.469)	(0.409)
	Age	0.006***		−0.036***		−0.047***	
		(0.001)		(0.004)		(0.014)	
	Gender	−0.007		−0.021		0.160	
		(0.022)		(0.082)		(0.286)	
	Service Tenure	−0.007**		−0.025**		0.074*	
		(0.003)		(0.011)		(0.039)	
	Observations	17 676	17 676	17 676	10 053	17 185	1 034
	Day Dummies	Y	Y	Y	Y	Y	Y
	Customer Random Effects	Y	—	Y	—	Y	—
	Customer Fixed Effects	—	Y	—	Y	—	Y

注：分析过程中应控制式(4-1)、式(4-2)和式(4-3)中的变量。括号内为稳健标准误差。

表 B-7 运营管理中 AI 应用相关文献整理

AI 特征	研究方法	研究主题	主要发现	作 者
人类对算法的控制	实证分析	决策制定	当人们能够控制/修改算法的预测结果时,他们更愿意采纳不完美预测算法给出的建议	Dietvorst et al.
AI 支持的自动化	实证分析	决策制定	向销售人员提供模型预测的定价结果有助于提高利润	Karlinsky-Shichoret al.
AI 用户质量推断	技术建模	质量管理	研究提出的可解释 AI 模型能有效地进行质量推断,帮助企业降低损失	Senoner et al.
AI 驱动的创新	实证分析	风险管理	AI 驱动的创新对企业对社会责任的关注有替代作用。企业可选择关注社会责任或者选择关注 AI 创新,从中选择一个方向来制定资源优化利用的策略	Li et al.
对机器人的投资	实证分析	就业	对机器人的投资与企业总就业岗位正相关,但对经理岗位数带来负向影响。提高产品质量和服务质量是激励企业采纳机器人的主要原因	Dixon et al.
AI 支持的自动化	数学建模	供应链管理	自动化决策并不总是能够帮助零售商提高利润。自动化决策可能为零售商和供应商带来"双输"的结果	Li and Li
AI 支持的自动化和智能化	实证分析	订货询价	自动完成询价的聊天机器人买家往往比人类买家获得更高的批发价;当显示聊天机器人借助智能算法选择询价对象时,它们能获得较低的批发价	Cui et al.
AI 支持的优化	实证分析	决策制定	考虑工作人员偏差的智能算法有助于提高工作人员的工作效率	Sun et al.
AI 支持的定价	技术建模	生鲜产品销售	基于质量的定价策略会带来更低的价格和更高的需求,有助于减少产品的浪费和提高利润。当对外披露产品质量信息后,基于质量定价策略得到的最优价格保持不变或者甚至在整个销售季有所提升	Yang et al.
AI 技术采纳	理论分析	供应链管理	在用户采纳先进技术的早期,相关技术的优势并不能达到用户的期望。技术特征与用户期望之间的差距可以用来解释"期望膨胀"现象	Sodhi et al.
AI 支持的服务灵活性	实证分析	客户服务	AI 系统的应用会暂时使用户的机器服务时长和用户对人工服务的需求增加,也会持续减少用户抱怨。对相对简单的服务,AI 系统有助于减少有经验和无经验用户的抱怨;对相对复杂的服务,用户与 AI 系统的交互存在学习效应,进而带来机器服务时长和用户抱怨的减少	本书作者

附录 B 参考文献

CUI R, LI M, ZHANG S, 2021. AI and procurement[J]. Manufacturing & Service Operations Management, 24(2): 691-706.

DIXON J, HONG B, WU L, 2021. The robot revolution: Managerial and employment consequences for firms[J]. Management Science, 67(9):5586-5605.

DIETVORST B J, SIMMONS J P, MASSEY C, 2018. Overcoming algorithm aversion: People will use imperfect algorithms if they can(even slightly) modify them[J]. Management Science, 64(3):1155-1170.

HAUPTMANN A G, RUDNICKY A I, 1988. Talking to computers: An empirical investigation[J]. International Journal of Man-Machine Communication, 28 (6), 583-604.

KARLINSKY-SHICHOR Y, NETZER O, 2019. Automating the B2B salesperson pricing decisions: A human-machine hybrid approach[EB/OL]. [2023-03-01]. https://paper.ssrn.com/so13/papers.cfm? abstract_id=3368402.

Le BIGOT L, TERRIER P, AMIEL V, et al., 2007. Effect of modality on collaboration with a dialogue system[J]. International Journal of Human-Computer Studies. 65(12), 983-991.

LI G, LI N, SETHI S P, 2021. Does CSR reduce idiosyncratic risk? Roles of operational efficiency and AI innovation[J]. Production and Operations Management, 30(7): 2027-2045.

LI M, LI T, 2022. AI automation and retailer regret in supply chains[J]. Production and Operations Management, 31(1): 83-97.

SENONER J, NETLAND T, FEUERRIEGEL S, 2021. Using explainable artificial intelligence to improve process quality: Evidence from semiconductor manufacturing[J]. Management Science. Forthcoming.

SODHI M S, SEYEDGHORBAN Z, TAHERNEJAD H, et al., 2022. Why emerging supply chain technologies initially disappoint: Blockchain, IoT, and AI[J]. Production and Operations Management,31(6): 2383-2761.

SUN J, ZHANG D J, HU H, et al., 2022. Predicting human discretion to adjust algorithmic prescription: A large-scale field experiment in warehouse operations[J]. Management Science, 68(2): 846-865.

YANG C, FENG Y, WHINSTON A, 2022. Dynamic pricing and information disclosure for fresh produce: An artificial intelligence approach[J]. Production and Operations Management, 31(1): 155-171.

附录 C
第 5 章研究实验网页截图及补充分析结果

附录 C 将通过图来详细介绍第 5 章实验一和实验二中的实验网页设计,通过表来展示实验二中量表信度、效度和实验操纵检验的结果。

图 C-1 展示了实验一中用户正式开始学习任务前看到的界面(基于 Qualtrics 完成)。在该实验界面中,本研究首先提醒被试通过计算机完成实验任务。该界面还向被试简要介绍实验的目的。

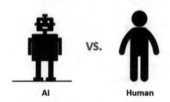

Thank you for participating in our online experiment! **You should finish the experiment on a computer!**

This experiment hopes to understand your perception of **Artificial Intelligence (AI)** vs. **Human** feedback on your task performance in **online learning contexts** (e.g., Coursera, Lynda.com, Khan Academy, etc.).

图 C-1　实验一对实验目的的介绍网页①

图 C-2 展示了实验过程中的注意力检验题目,可以通过被试对该题的回答剔除不认真了解实验研究的被试。

图 C-3 展示了实验中用户观看心理学概念视频的界面,用户可以边学习边记笔记。在被试完成实验任务时,笔记内容会出现在网页上供被试参考。

图 C-4 展示了用户完成实验任务的界面。在该实验界面中,被试被要求完成两项工作:①以自己的语言尽可能准确地给出学习到的概念的定义;②列举出自己认为最新颖的例子说明相应的概念。

①　实验一在进行研究介绍时直接告诉被试"AI 或人"将对他们的表现进行评价,可能会影响用户的回答。为了消除该影响,在实验二中,介绍时仅告诉被试他们将收到任务表现反馈。实验二的结果能重复试验一的关键发现。

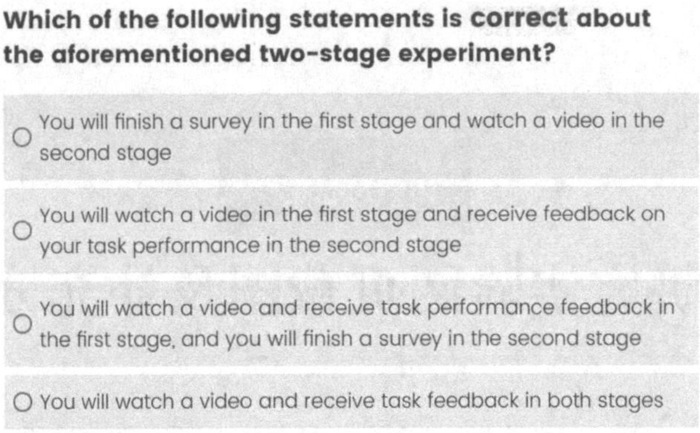

Which of the following statements is correct about the aforementioned two-stage experiment?

○ You will finish a survey in the first stage and watch a video in the second stage

○ You will watch a video in the first stage and receive feedback on your task performance in the second stage

○ You will watch a video and receive task performance feedback in the first stage, and you will finish a survey in the second stage

○ You will watch a video and receive task feedback in both stages

图 C-2 实验一、实验二中第一阶段实验的注意力检验

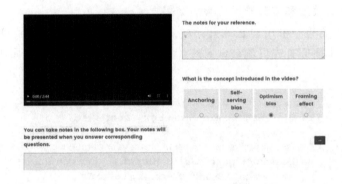

图 C-3　实验一、实验二中第一阶段实验用户学习视频内容、记笔记和注意力检验

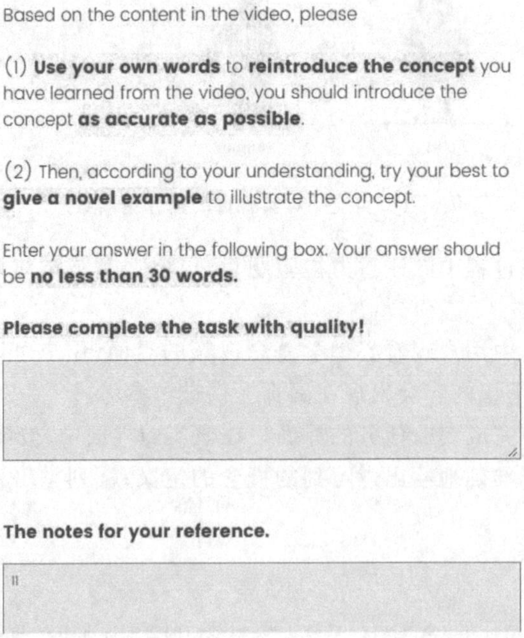

Based on the content in the video, please

(1) **Use your own words** to **reintroduce the concept** you have learned from the video, you should introduce the concept **as accurate as possible**.

(2) Then, according to your understanding, try your best to **give a novel example** to illustrate the concept.

Enter your answer in the following box. Your answer should be **no less than 30 words.**

Please complete the task with quality!

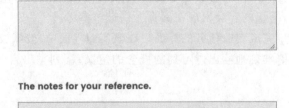

The notes for your reference.

图 C-4　实验一、实验二中第一阶段实验用户完成实验任务

　　图 C-5 展示了第二阶段实验开始时用户观察到的实验界面。在该界面中，首先被试被提醒在计算机上认真完成实验任务。其次，被试被要求填写 MTurk 账号后六位数字。该题目设计能让被试认真对待本次实验任务，也能让他们认为网站会根据账号给出针对性的任务表现反馈。

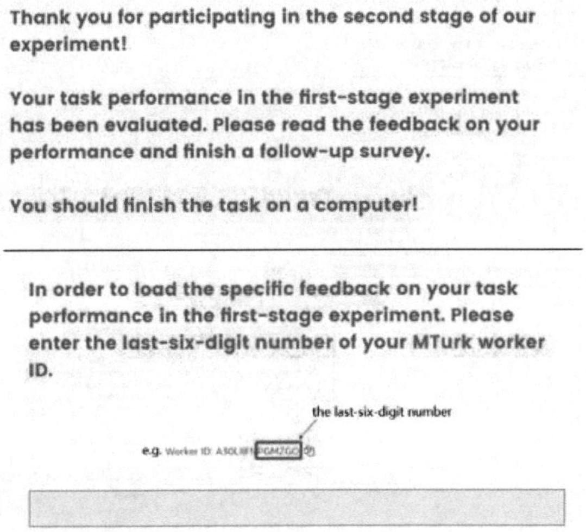

Thank you for participating in the second stage of our experiment!

Your task performance in the first-stage experiment has been evaluated. Please read the feedback on your performance and finish a follow-up survey.

You should finish the task on a computer!

In order to load the specific feedback on your task performance in the first-stage experiment. Please enter the last-six-digit number of your MTurk worker ID.

the last-six-digit number

e.g. Worker ID: A5OL8F1PGMZGCS2J

图 C-5　实验一、实验二中第二阶段实验用户输入 MTurk 账号获得任务表现反馈

　　图 C-6 展示了被试在实验一中收到的反馈（8 组中的任意一项反馈）。在反馈展示的图片中，通过头像和姓名信息操纵反馈来源（AI 或人），通过字体加粗强调反馈的极性以及反馈关注的主要任务。

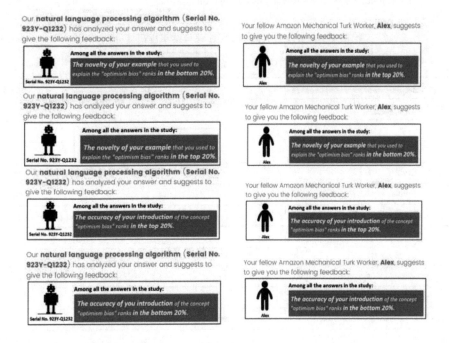

图 C-6　实验一第二阶段实验被试获得任务表现反馈

图 C-7 展示了向被试解释 AI 评价文本创新性的具体过程。整个过程由 4 步组成,分别是:文本划分、语义理解;读取所有被试提交的答案;对被试的答案逐一评价以及创新得分计算。在实验中,人给出的评价文本创新性的过程相同。

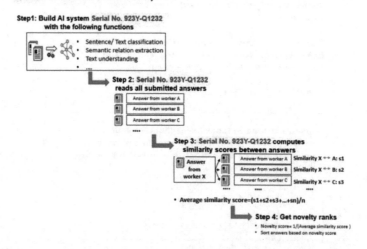

图 C-7　实验二第二阶段对 AI 评价过程的介绍

图 C-8 展示了操纵结果透明度的图片。在实验中,通过图片告知被试 AI 或人完成类似任务的准确度大约为 90%,依次加深被试对 AI 或人评价能力的理解。

Note that the AI algorithm **Serial No. 923Y-Q1232** has an **accuracy rate** of around **90%** in performing this evaluation task.

图 C-8　实验二第二阶段 AI 评价结果准确度介绍

表 C-1　实验二验证性因子分析结果

测度项	Factor 1	Factor 2	Factor 3
Fairness 1	**0.90**	0.21	0.20
Fairness 2	**0.82**	0.23	0.19
Credibility 1	0.51	**0.73**	0.07
Credibility 2	0.14	**0.89**	0.29
Satisfaction 1	0.46	0.24	**0.66**
Satisfaction 2	0.27	0.22	**0.91**

表 C-2　实验二量表的信度和效度

变　量	Cronbach's Alpha	Fairness	Credibility	Satisfaction
Fairness	0.86	**0.86**		
Credibility	0.74	0.58	**0.81**	
Satisfaction	0.70	0.65	0.59	**0.80**

表 C-3 实验二操纵检验结果

组 别	过程透明度	结果透明度
AI 提供反馈	3.41	2.53
AI 提供反馈＋过程透明度	**4.66**	2.34
AI 提供反馈＋结果透明度	3.52	**5.38**
人提供反馈	3.94	3.00
人提供反馈＋过程透明度	**4.73**	2.73
人提供反馈＋结果透明度	3.97	**5.21**

表 C-4 实验中用到的量表

变 量	测度项	参考文献
Fairness	我在实验中获得的反馈是公平的	Alder et al. (2005)
	AI/他人对我的回答的评估过程是公平的	
Credibility	AI/他人对我在任务中的表现非常了解	Podsakoff et al. (1989)
	AI/他人有能力评价我的表现	
Satisfaction	我对该反馈非常满意	Kim(1984)
	我很喜欢反馈给出的方式(由 AI 或人给出反馈)	

附录 C 参考文献

ALDER G S, AMBROSE M L, 2005. An examination of the effect of computerized performance monitoring feedback on monitoring fairness, performance, and satisfaction [J]. Organizational Behavior and Human Decision Processes, 97(2), 161-177.

KIM J S, 1984. Effect of behavior plus outcome goal setting and feedback on employee satisfaction and performance[J]. Academy of Management Journal, 27(1), 139-149.

PODSAKOFF P M, FARH J L, 1989. Effects of feedback sign and credibility on goal setting and task performance [J]. Organizational behavior and human decision processes, 44(1), 45-67.